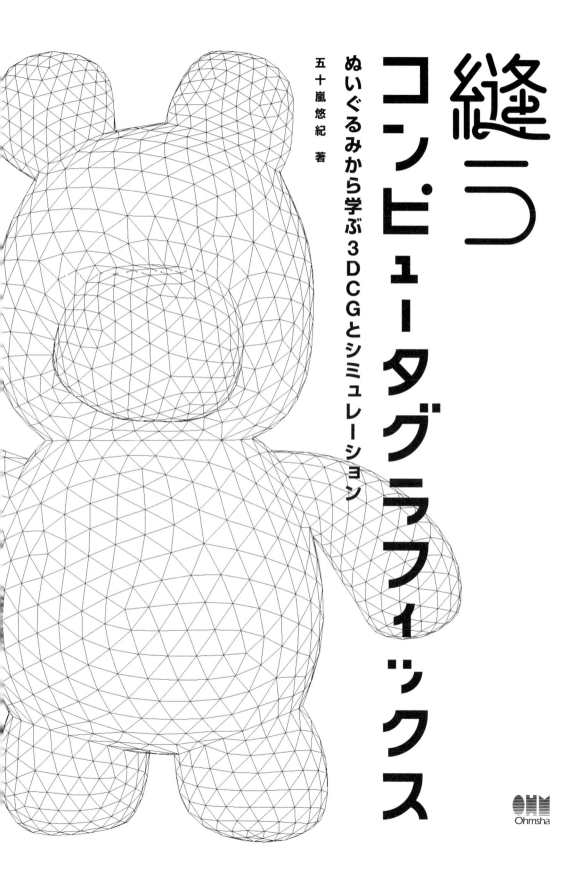

縫う コンピュータグラフィックス

五十嵐悠紀 著

ぬいぐるみから学ぶ3DCGとシミュレーション

Ohmsha

はじめに

　これは手芸の本？　それともコンピュータグラフィックス（CG）の本？　お手にとってくださった方は、迷われるかもしれません。最初に、手芸とCGについて、ちょっと考えてみましょう。

　手芸は、小学生の家庭科でポーチ作りをしたり、ボタン付けを習ったりしますね。夏休みの工作などで、なにかを作ったことがある人もいるかもしれません。手芸を一度もやったことがない、という人は実はいないのではないでしょうか。

　手芸屋さんによると、子どもたち世代が授業で取り組むときのほか、出産前後の女性が生まれてくる赤ちゃんのために靴下を編んでみたり、育児中の親御さんが入園グッズを作ってみたり、といったときに手芸ブームが訪れやすいのだそうです。昨今では、老人ホームのレクリエーションや高齢者のリハビリなどで、手を動かしたり考えたりするために、手芸が使われるようになってきているとのことです。

　CGも、テレビや映画、ゲームなど、私たちの身の回りではいろいろな場面で使われています。CGを見ない日はない、と言っても過言ではありません。

　そんな手芸とCG。それぞれの分野はかけ離れていて（たとえば、大学の学科で言うと、家政科と情報科学科など）それを合わせた研究はこれまであまりありませんでした。

　でも、よく考えてみてください。もともと家庭科のなかに、算数って出てくるんですよね。たとえば、サーキュラースカート（円状のスカート）を作りたかったら、どうやって型紙を作りましょう？　ウエストが60cmで丈が50cmくらいとしましょうか。型紙は半径何cmの円の中を、半径何cmの円でくり抜けばよいでしょう？　直径×円周率3.14が円周の長さだから、それが60cmになるようにして……。さらに、裾に1周レースを付けたかったらどうでしょう？　レースはよく1袋が2mで売られているけれど、1袋で足りる？　などなど、計算がつきもの。算数を例に挙げましたが、数式を立てることができれば、方程式などを使って解くことができます。また、物理の知識があれば、物理法則にのっとって、現実のできあがりに近い形状を先にコンピュータで見ることができるのです。

　私の母は家政科で学んだことを活かし、私や妹の洋服やセーターをよく手作りしてくれていました。そのクオリティはまるで売り物！　使い古した大きなカレンダーの裏に型紙をデザインするところから、布を裁断して、縫って洋服ができあがっていくまでの過程をいつも見ていました。そして、父は自動車会社のエンジニア。CADシステムの設計をしていて、家でもよくコンピュータに向かってプログラムを書いていました。コンピュータグラフィックスの最先端の話や国際会議の話なども、小さいころから聞いていました。

　そんな環境で、コンピュータ好き、プログラミング好き、手芸好きに育った私。自分で設計をして自分だけのオリジナルな手芸作品が作りたいけれど、でも専門家のようなパターンの知識はゼロ。これをコンピュータに解かせたら？　自分にはできないことがコンピュータで解けるのでは？　そんな思いから、手芸×情報科学の魅力にハマり、この世界に入っていきました。

この本は、CGで3次元モデルを作っている人やキャラクタデザインをもっとできるようになりたい人に、今すぐ直接的に役立つわけではないでしょう。でも、「こんなことにCGを使ってみたい」「もう少し広げて、こんなことと情報科学を組み合わせたらなにができるかな？」といった、新しい発想やヒントが見つかるでしょう。CGを使った新しいサービスやアプリケーションの開発にも、役に立つアイデアが見つかるかもしれません。

　これまで私が行ってきた手芸にまつわるコンピュータグラフィックスの研究をベースに、その発想のきっかけや失敗談、そこから得た次の発想などのコラムを随所に盛り込んで、気軽に読めるような本を目指しました。3Dプリンタなどを用いてCGを使ったものづくりに取り組んでいる人にとっては、きっと面白いトピックがたくさんありますし、なにより、CGの数学的な部分に苦手意識を感じている、という人にとって楽しく読める内容となるよう心がけました。

　この本で紹介するソフトウェアは、Javaを使って作成してきました。本書内では解説の補助として、Javaよりも初心者にとって理解しやすい、擬似コードとProcessingのコードを載せています。プログラムに抵抗のない人は、理解の助けとしてください。Processingは画像やアニメの作成といった視覚表現が手軽にできるプログラミング言語で、アートやエンタメ領域でも比較的よく利用されています。またJavaに比べて初心者が手軽に使いこなせるようになるため、大学の講義・演習でも使用しています。プログラムを勉強してから読むとより理解しやすいかと思います。

　数式やソースコードが難しければ、飛ばしていただいても構いませんし、興味のある手芸からつまみ読みもいいかもしれません。ほかのCGの本を読んだあとに、気になるキーワードを本書の索引から引いてみて、これって手芸だったらなんに役立つの？　と調べても面白いかもしれません。この本を読み終わったあとに、手芸好きな人にCGの知識がちょっぴりついていたり、CG好きな人がちょっと手芸やってみようかなと思ってみたり、そんなふうに世界が広がることを願っています。

　このように、情報科学と出会うことで新しい視点が生まれる分野は、手芸だけではありません。音楽も、スポーツも、料理も、コンピュータや情報科学の観点から見ることで、これまで経験則だったことが科学で解明できたり、コンピュータで解くことができたりするのです。

　この本が、「○○×コンピュータ」、「○○×情報科学」といった観点で、みなさんの興味のある分野を覗いてみるきっかけになると嬉しいです。

2021年4月

五十嵐　悠紀

縫う
コンピュータグラフィックス

ぬいぐるみから学ぶ3DCGとシミュレーション

Chapter 0
手芸とデジタルファブリケーション

0-1 ものづくりとコンピュータ

　従来、コンピュータは専門家によるプロダクトの設計や製作に使われていました。ところが、2010年頃から「パーソナル・ファブリケーション」という概念が急速に注目を浴びるようになりました。

　パーソナル・ファブリケーションとは、企業ではなく個人が行う、コンピュータを用いたものづくりを指します。レーザーカッターや3Dプリンタ(以下、3Dプリンタ)などの工作機器が手軽に使用できるようになったことなどが影響し、広がりを見せています。個人利用を前提とした技術開発や施設(例：ファブラボ)も急増しています。

　パーソナル・ファブリケーションの普及は、個人レベルで欲しいものをなんでも作れる社会の実現を意味します。これまで限られた人しかできなかった高速に試作品を作ってみること(**ラピッドプロトタイピング**)が、一般の人でも行えるようになってきたのです。大量生産された商品のなかから欲しいものを「選択」するのではなく、自分が欲しいものを自分で「製造」することが当たり前の世の中になったとき、自分の欲しいものを設計・製作するための支援ツール・技術は必要不可欠です。

　3Dプリンタを使うと、これまで買って使っていたものを、自分でデザインできるようになります。たとえば、フォトフレームを自分でデザインして3Dプリンタで印刷することもできます[1](図0-1)。また、霧吹きなどで水をかけると隣接するビーズがくっつくアクアビーズでは、通常は既製品の格子状の型の上にビーズを並べて製作しますが、隣り合ったビーズが必ず接するような位置に穴をあけた自由配置の型を3Dプリンタで出力すれば、自分だけのオリジナル作品を作ることもできます[2](図0-2)。

(a)フォトフレームのデザイン　　　　　　　(b)できあがったフォトフレーム

図0-1　周囲の画像をデザインして自作フォトフレームを3Dプリンタで印刷した作品

---

[1]　楯岡孝一、五十嵐悠紀「PhotoFramer: フォトフレーム製作支援システム」第26回インタラクティブシステムとソフトウェアに関するワークショップ、2018年。

[2]　橋本怜実、五十嵐悠紀「アクアビーズのためのデザインシステム」情報処理学会インタラクション、pp. 876-878、2017年。

図0-2　3Dプリンタで印刷した自作アクアビーズ型と、実際に作った作品

　こういった身近なものを自分でデザインしてみたい！ と思ったときに、ツールの使いかただけでなく、コンピュータグラフィックス（CG）に関する知識もあったらもっと楽しいと思いませんか？ これまでは「ものづくり」と言うと製造業や伝統工芸などを指していることが多かったと思いますが、この本では、より身近な「手芸」や「工作」という個人レベルの「ものづくり」を通じてCGに使われているさまざまな技術を学んでいきます。

0-2　2次元CGと3次元CG

コンピュータグラフィックス（CG）とは、コンピュータを使って2次元（平面）や3次元（立体）のコンテンツを作成したり、描画（レンダリング）したり、編集したりする技術です。モデリング、レンダリング、アニメーション、シミュレーション、可視化、ファブリケーションなど、さまざまな分野があります。2次元画像の生成・変換・圧縮・加工・特徴抽出などを行う技術は、**画像処理**[3]の分野でもあります。

　CGでは多くの場合、3次元形状やシーンを取り扱います。しかし得られる結果は2次元デジタル画像であることが多い[4]ので、結果として、画像やテクスチャ画像などを適切に扱うために、2次元デジタル処理の知識も必要不可欠になってきます。

　本書では前半で2次元CGを扱い、後半で3次元CGを扱っていきます。

0-3　この本でできること

　この本は、手芸を題材として、デジタルファブリケーション——つまりコンピュータを用いたものづくりの側面から、CGに関する用語や技術を解説する書籍です。ぬいぐるみの型紙生成やアクセサリーのデザインなどを通じて、モデリングやレンダリングといった、CGの基本を学ぶことを目標にします。

　たとえば、ぬいぐるみのデザインは「こんなぬいぐるみを作りたいな」となんとなく立体のデザインを頭のなかで思い描くことはできても、それを実際に作るためには、対応する2次元の型紙を作成する必要があります。3次元立体に対応した2次元の型紙をデザインすることは、実はそう簡単ではありません。世の中に売られている「ぬいぐるみ製作キット」や「ぬいぐるみの作りかた」といった書籍にある型紙は、専門家（パタンナー）が経験や勘を駆使しながら、試行錯誤をして作りあげたものです。

　型紙づくりやビーズ細工のデザインなどには、「立体を平面に変換しなければならない」「最初から最後まで一本の糸で編めるようにしなければならない」などの制約があります。知

---

[3]　画像処理とは、コンピュータ上で行う、写真やイラストなどの画像に対する変形・合成・抽出などのさまざまな処理全般を指します。アルゴリズムの知識や、プログラミングの技術などが必要です。

[4]　CGと言われると、パソコンやスマホの画面内に表示される立体的な画像や動画を思い浮かべる人が多いでしょう。立体的、つまり3次元的に見えますが、デバイスの画面は平面なので、実際には2次元の画像だということです。

識のない初心者が、そういった制約を考えながらデザインをしていくのはとても大変です。そこで私は、CGを使ってその制約を解くことを試みてきました。

　本書では、シミュレーションやアルゴリズムによって物理的な制約を解決しながら、モデリングを行い出力するまでの過程を通じて、CGを説明していきます。題材としてぬいぐるみなどの手芸作品を扱うことで、CG製作における数理的側面に苦手意識を抱いている層や、これまでコンピュータを用いてこなかった、小規模な製造業の方などに興味を持ってもらうことを狙いとします。「手芸」という最終的に手作業が要求されるものを題材とすることで、物理的な制約をいかにコンピュータで解決するか、という知見を得られる点が他書にない特徴です。

　具体的なソフトウェアの使いかたを解説するわけではないので、「いまこのソフトの使いかたがわからなくて困っている」という人より、「CGソフトの機能のしくみを知りたい」と考えている人や、「CGで課題解決してみたい」と考えている人向けです。とはいえ本書の最後にはBlenderというフリーソフトを使った初歩的なモデリングの手引きもあるので、初心者の方も気軽に読み進めてください。以下に、各Chapterで学べることを簡単に示します。

Chapter 1 `2次元CG` 表現形式・座標変換・関連するアルゴリズム
（マーチングスクエア法・Flood Fillアルゴリズム）
Chapter 2 `写実的描写` スムージング・法線ベクトル・ピクセルの描画方法
Chapter 3 `3次元CG` 表現形式・モデリング・座標変換・テクスチャ
Chapter 4 `物理演算①` 平面展開・レンダリング・バネモデルによる演算
Chapter 5 `物理演算②` 凸包・クラスタリング・データ構造・関連するアルゴリズム
（ギフトラッピング法）
Chapter 6 `経路探索` オイラーグラフ・ハミルトンパス・フォトリアリスティック
レンダリング
Chapter 7 `支援システム事例` 進化的計算・拡張現実・各種センサ
Chapter 8 `モデリングの実践` Blenderによる初歩的なモデリング

　手芸好きな人がこの本をきっかけにCGに興味を持ったり、CGに興味があるけど手芸は未経験という人が手芸を始めてみたり……そんなまったく異なる「手芸」と「CG」の分野をつないで、経験を広げるきっかけとしてお役に立てたら嬉しいです。

この本で紹介するシステムに関する論文

　この本で紹介する手芸に関するシステムは、それぞれ以下の論文で詳しく解説しています。本を読んでより深く知りたくなった方は、論文名で検索してみてください。

ステンシル（Chapter 1）
・Y. Igarashi and T. Igarashi. "Holly: A Drawing Editor for Designing Stencils." IEEE Computer Graphics and Applications, vol. 30, no. 4, pp.8-14, 2010.

パッチワーク（Chapter 2）
・Y. Igarashi and J. Mitani. "Patchy: An Interactive Patchwork Design System." ACM SIGGRAPH Posters, 2015.

あみぐるみ（Chapter 3）
・Yuki Igarashi, Takeo Igarashi, and Hiromasa Suzuki. "Knitting a 3D Model." Computer Graphics Forum (Proceedings of Pacific Graphics 2008), vol. 27, no. 7, pp.1737-1743, 2008.
・Y. Igarashi, T. Igarashi, and H. Suzuki. "Knitty: 3D Modeling of Knitted Animals with a Production Assistant Interface." Eurographics, pp.187-190, 2008.
・五十嵐悠紀、五十嵐健夫、鈴木宏正「あみぐるみのための3次元モデリングと製作支援インタフェース」日本ソフトウェア科学会論文誌、vol. 26、no. 1、pp. 51-58、2009年。

ぬいぐるみ（Chapter 4）
・Y. Mori and T. Igarashi. "Plushie: An Interactive Design System for Plush Toys." ACM Transactions on Graphics (Proceedings of SIGGRAPH 2007), vol.26, no.3, 2007.
・Y. Igarashi and T. Igarashi. "Pillow: Interactive Flattening of a 3D Model for Plush Toy Design." SmartGraphics, vol. 5166/2008, pp.1-7, 2008.

カバー（Chapter 5）
・Y. Igarashi, T. Igarashi, and H. Suzuki. "Interactive Cover Design Considering Physical Constraints." Computer Graphics Forum (Proceedings of Pacific Graphics 2009), vol.28, no.7, pp.1965-1973, 2009.
・Y. Igarashi and H. Suzuki. "Cover Geometry Design using Multiple Convex Hulls." Computer-Aided Design, vol. 43, issue 9, pp.1154-1162, 2011.

ビーズ細工（Chapter 6）
・Y. Igarashi, T. Igarashi, and J. Mitani. "Beady: Interactive Beadwork Design and Construction. "ACM Transactions on Graphics (Proceedings of SIGGRAPH 2012), vol. 31, no. 49, issue 4, 2012.
・Y. Igarashi, T. Igarashi, and J. Mitani. "Interactive Hexagonal Mesh Editing for Beadwork Design". ACM SIGGRAPH Asia Posters, 2012.

ネックレス（Chapter 7）
・五十嵐悠紀、檜山翼、荒川薫「ネックレスデザインのためのインタラクティブシステム」画像電子学会誌、vol. 45、no. 3、pp.350-358、2016年。

かご編み（Chapter 7）
・Y. Igarashi. "BandWeavy: Interactive Modeling for Craft Band Design." IEEE Computer Graphics and Applications, vol. 39, issue 5, pp. 96-103, 2019.

木目込み細工（Chapter 7）
・伊藤謙祐、五十嵐悠紀「木目込み細工デザイン支援システム」画像電子学会誌、vol. 49、no. 4、pp.315-325、2020年。

ストリングアート（Chapter 7）
・茂木良介、五十嵐悠紀「ストリングアートのためのデザイン支援と自動制作経路算出システム」第27回インタラクティブシステムとソフトウェアに関するワークショップ、2019年。
・茂木良介、五十嵐悠紀「ストリングアートデザインのための支援システム」第26回インタラクティブシステムとソフトウェアに関するワークショップ、2018年。

ボンボン手芸（Chapter 7）
・松村遥奈、五十嵐悠紀「Bomy：ボンボン手芸を対象としたデザインおよび制作支援」第25回インタラクティブシステムとソフトウェアに関するワークショップ、2017年。

羊毛フェルト（Chapter 7）
・齋藤果歩、五十嵐悠紀「羊毛フェルトを用いたマスコット制作支援」研究報告ヒューマンコンピュータインタラクション、2020年。

Chapter 1
ステンシル×画像表現

1-1 ステンシルのつくりかた

　ステンシルとは、穴のあいたステンシルシートを布や紙などに重ねて、その上からインクをのせていくことで、図柄をデザインするアートです。クリスマスカードや年賀状、誕生日カードなどのオリジナルなカードをデザインする際にもよく使われていますし、塗料がのるものであれば、プラスチックや木、布や壁紙、ガラスなど、多くの素材に対してできるアートでもあります。

　そんなステンシルですが、自分でデザインしたオリジナルのステンシルシートを作る人は少なく、多くの人が市販のステンシルシートを購入して楽しんでいます。それはなぜでしょうか。まずは一般的なステンシルシートの作りかたから見てみましょう。

1-1-1　一般的なつくりかた

　一般的なステンシルシートの自作方法を説明します（図1-1）。まず、ステンシルで表現したい文字や模様を、紙に描いたり印刷したりして用意します。次に、ステンシルシートにする透明な素材（クリアファイルなど）を被せて、油性ペンなどで図柄をなぞりながら型どりをします。ペンで型どりをする際には、ずれてしまわないように、マスキングテープなどで固定するのがよいでしょう。このとき、切り抜く部分は塗りつぶしておくと、切りぬく際の間違いが少なくなりますし、ステンシルしたあとの図柄がイメージしやすくなります。

　文字や模様のデザインを写し終えたら、カッターで切り抜いていきます。切り取る範囲が細かい文字や模様は、難易度が高いので、まずは大きめなイラストや文字で練習するとよいでしょう。

図1-1　ステンシルシート作成のようす

ここまでの説明を聞いて、「ちょっと難しいけど、絵を描けばできそう」と思われるかもしれません。しかし、実際には、外側を切り抜くと内側が抜け落ちてしまうようなデザインが多く存在します。

　たとえば、図1-2に示すアルファベットのAやB、数字であれば4や8などは、文字の外側をすべて切り抜くと、中の空白部分までなくなってしまいます。そのため、この文字だとわかるようにするには、図1-2内の「D」のように途中に線を入れるなどして中の空白部分を残す必要があります。

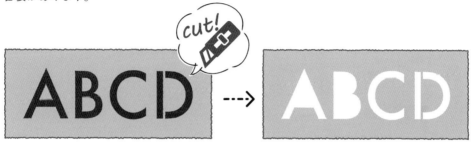

図1-2　黒い部分を切り抜くと「A」や「B」は内部の空白部分も脱落してしまう。
「D」のように途中に線を入れて内側が脱落しないようにするなどの工夫が必要。

　このように、ステンシルシートは「絵が1枚につながっていなければならない」という制約があるため、オリジナルなイラストやロゴなどをデザインするには、経験や知識が必要となってくるのです。そのため、一般ユーザはデザイナーが作成した市販のステンシルシートのなかから自分の好きなシートの図柄を選んで購入してきて、ステンシルを楽しんでいるわけですね。

1-1-2　コンピュータを用いたつくりかた

　一般ユーザがオリジナルなステンシルシートをデザインすることは難しいのですが、それをコンピュータで解決することはできないでしょうか? そんな考えから、誰でも簡単にオリジナルなステンシルシートをデザインできるステンシルデザインシステム「**Holly**(ホリー)」ができました。Hollyでは、ユーザがデザインした図柄をもとに、システムが自動的にステンシルシートを生成します(図1-3)。それをカッティングプロッタなどで出力して、ステンシルシートとして活用することができます。

　コンピュータを使えば、自動で「すべての領域がつながった絵になっているかどうか」を判定することができます。デザインしたい人(ユーザ)がオリジナルなイラストや文字をコンピュータ上に描いている間に、「絵が1枚につながっていなければならない」という制約をコンピュー

タに解かせることで、「必ず1枚につながったデザイン画」を出力できるのです。「ここをつなげなくてはいけないのかな?」「こんなデザインをしてはいけないのかな?」といったことを考える必要がなくなり、ユーザは自由なデザインをしていけばよいことになります。

ここでは、Holly をもとに、2次元CGの初歩的な知識を学んでいきます。まずは、Hollyによる「絵が1枚につながっていなければならない」という制約の解きかた[1]を簡単に見ていきましょう。

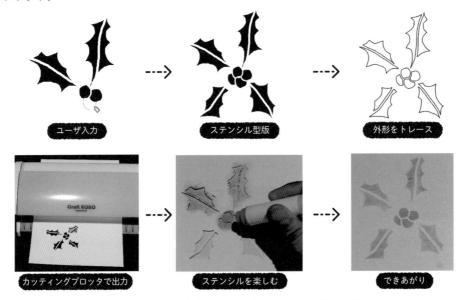

図1-3　ステンシルデザインシステム「Holly」でのデザインの流れ

ステンシルシートは、白い領域であるポジティブ(positive)な領域と、黒い領域であるネガティブ(negative)な領域の2種類の領域に分けられます。ネガティブな領域は穴のあいた領域であり、あとからインクや塗料をのせることができる部分です。一方、ポジティブな領域は、すべてがつながっているという制約が必要です。「全領域をポジティブとネガティブの2種類に分ける」「ポジティブはすべてつながっている状態とする」と条件を明確にすると、コンピュータで解ける気がしてきましたね。

Hollyでは、ユーザの入力した線をもとに、ポジティブな領域が1枚につながったデザインを自動的に生成していきます。ユーザはブラシツール(図1-4)か塗りツール(図1-5)かを選択できます。ブラシツールの場合には、ユーザの入力したストロークをそのままネガティブな領域としてステンシルシートを生成します。塗りツールの場合には、システムは入力ストロークの始点と終点をつなぎ、ストロークの内部の領域すべてをネガティブな領域としてステンシルシートを生成します。ユーザはブラシツールと塗りツールを自由に使いながら、ステンシルの図柄をデザインしていくというわけです。

....

[1] こういった、なんらかの課題を解決するための計算方法のことを**アルゴリズム**と言います。アルゴリズムは、広義では課題解決のための考えかた、狭義ではコンピュータにおける計算方法を指します。

Hollyでは、ネガティブな領域の周りに、常にポジティブな領域を生成することで、「絵が1枚につながっていなければならない」という制約を実現しています。ユーザの描画には、オーバーライティングモードとアンダーライティングモードという2つのモードが備えられています。オーバーライティングモードでは、最後に描いたストロークが一番上に描かれていき、アンダーライティングモードでは最後に描いたストロークが一番下になるように描かれていきます。ユーザは図柄をデザインしている最中にモードを切り替えることができたり、そのストロークだけ順序を入れ替えたりできるようになっています。

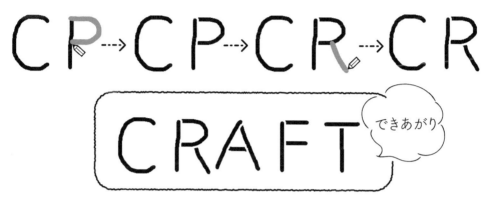

図1-4　ブラシツールを用いてデザインした例

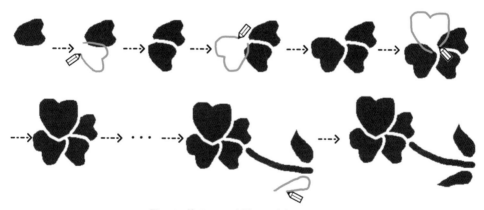

図1-5　塗りツールを用いてデザインした例

完成したデザインは、出力することで、実際にステンシルシートとして使うことができます。Hollyで作ったデザインはコンピュータで描いているので、カッティングプロッタで図柄を切り取った状態で紙を出力したり、レーザーカッターでプラスチックシートを切り取ったりできます。図1-6が、Hollyでデザインしたステンシルの例です。

ステンシルデザインエディタ　　　　　カッティングプロッタ用出力線

カッティングプロッタで出力したシート　　　できあがったステンシル作品

図1-6　「Holly」システムを使ってデザインしたステンシルの例

　以上がHollyのおおまかなしくみです。ここからは、もう少し細かなHollyの機能を題材として、2次元CGの基礎知識をはじめとして、使用されているアルゴリズムやプログラムについて解説します。まずは、Hollyで使われている2つの画像形式、ベクタ表現とラスタ表現について見ていきましょう。

> やりたいこと：任意の図柄に対して、ステンシルデザインを自動的に生成する
> 制　約　条　件：図柄を切り抜いたとき、シートが1枚につながっていなくてはならない
> この章で学べること：　2次元CG　表現形式・座標変換・関連するアルゴリズム
> 　　　　　　　　　　　　（マーチングスクエア法・Flood Fillアルゴリズム）

1-2 ステンシルと2つの画像表現

　さて、ステンシルシートの「絵が1枚につながっていなくてはならない」という制約を満たす話の前に、2次元の画像形式の話をしておきましょう。コンピュータで扱う画像形式には、図1-7のように、図形の座標値で表現される「**ベクタ（Vector）表現**」と、画素データの集合で表現

される「**ラスタ（Raster）表現**」があります。ベクタ表現は拡大してもなめらかですが、ラスタ表現は拡大するとジャギー（ギザギザ）が目立つといった特徴があります。また、データ量はベクタ表現のほうが比較的軽いのですが、表示の際に計算を要するといった特徴があります。

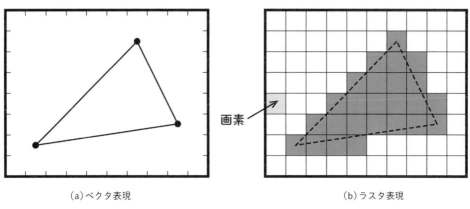

画素

（a）ベクタ表現　　　　　　　　　　　　（b）ラスタ表現

図1-7　ベクタ表現とラスタ表現

1-2-1　ベクタ表現

　ベクタ表現は、図形の座標値で表現される形式です。一般にEPS, PDF, SVG, WMFなどの画像ファイルがこの形式です。ソフトウェアで言うと、AdobeのIllustratorはベクタ形式の代表例です。ベクタ表現では、描いたストロークを動かしたり（図1-8）、消去したり（図1-9）、描いた順序を変更したり（図1-10）、といったストロークごとの操作を簡単にすることができます。図1-11のように、コピー・ペーストもできます。

図1-8　ストロークを動かした例

図1-9　ストロークを消去できる

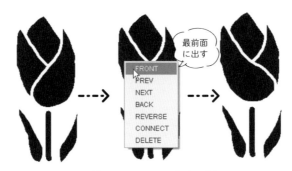

図1-10　描いたストロークの順序を変更できる

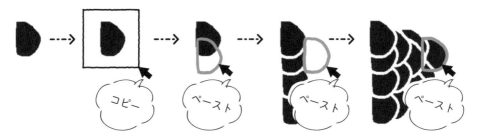

図1-11　コピー・ペーストの例

1-2-2　ラスタ表現

　ラスタ表現は、画素データの集合で表現される形式です。一般にBMP, JPG, PNG, GIFなどの画像ファイルがこの形式です。たとえば、デジタルカメラで撮影した写真の画像ファイルをペイントソフトなどで開いて、拡大してみてください。図1-12のように、たくさんの小さな四角が集まって画像を作っていることがわかりますよね。この一つ一つの四角（画素）を、**ピクセル**（**pixel**）と呼びます。斜めの直線をラスタ表現で表すと、図1-13のようにギザギザで表現されることになります。

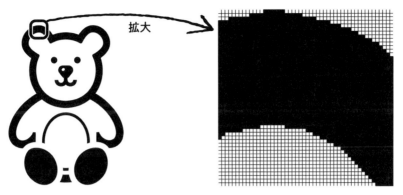

図1-12　一つ一つの画素をピクセルと呼ぶ

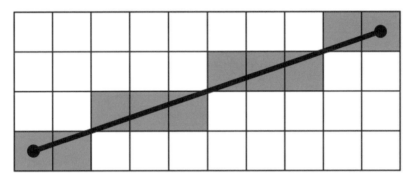

図1-13　斜めの直線をラスタ表現するとこのようになる

　ラスタ表現は、それぞれのピクセル一つ一つが、対応する色を持つデータ形式です。1ピクセルごとに構成されているので、写真などの描写が複雑なデータの表現ができます。**解像度（かいぞうど）** とは、このラスタ表現のピクセルの密度を示す数値のことです。すなわち、ラスタ画像を表現する、ピクセルの細かさのことです。

　図1-14は、同じラスタ表現の図を、複数の解像度で表現したものです。一般に1インチをいくつに分けるかによって、「**ドット・パー・インチ（dpi）**」という単位で表します。たとえば家庭用のプリンタで印刷する場合には、一般的に300dpi〜600dpi程度あれば十分とされています。一方で、商業印刷物や、大きなポスターなどの印刷には、600dpi〜2,400dpiの解像度が必要です。

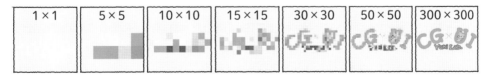

図1-14　解像度の違い

数学では、一般的に多角形などの図形を、頂点と辺（頂点と頂点をつなぐ線分）として学習しましたよね。CGでも図形はベクタ表現で表されることが多いのですが、それを私たちユーザがコンピュータの画面で見るときには、画面の解像度に合わせてラスタ表現に変換されているというわけです。

1-2-3　異なる2つの表現方法を組み合わせたHollyのシステム

さて、通常のグラフィックスソフトは、ベクタ表現かラスタ表現かのどちらかのソフトとして販売されています。しかしHollyは、両方の画像形式を使用しています。ユーザがマウスやペンタブレットでの入力した情報（マウス座標）を使って、システムの内部において、ラスタ表現とベクタ表現の両方の情報を保持しながら処理を進めているのです。なぜこうしているかと言うと、描いたストロークなどを手軽に動かしたり順序を変えたりできるベクタ表現のメリットと、「絵が1枚につながっていなくてはならない」という制約を満たすためにポジティブな領域が1枚につながっているかどうか判定できるラスタ表現のメリットを両立させることができるからです。

それでは、実際にシステムの内部でどのように異なる2つの表現方法を組み合わせているのかを見ていきたいと思います。

システムの内部では、マウスなどのポインティングデバイスが動くたびに、それをきっかけにプログラムが動いています。このきっかけのことを**マウスイベント**と言い、たとえばProcessingでは、mousePressed()はマウスボタンをクリックしたとき、mouseDragged()はマウスドラッグしたとき、mouseReleased()はマウスボタンを離したときの動きをそれぞれ設定するために用います。

本書では参考として、擬似コードやProcessingのサンプルプログラムを掲載しています。プログラミングを学んでいたり興味があったりする方は、理解の助けとしてください。逆にプログラミングの知識のない方は、読み流してもらっても構いません。ただ、プログラミングの知識を得てから読み返すと、これまでより理解がスムーズになることでしょう。

Hollyのプログラムでは、mousePressed(), mouseDragged(), mouseReleased()を使って、どのようなプログラミングがされているのでしょうか。

ユーザのストロークは、マウスイベントが発生するたびに、そのマウスポインタがある座標$v(x, y)$を取得します。これをもとにして、図1-15(a)のように、頂点座標が$v_0 = (x_0, y_0)$, $v_1 = (x_1, y_1)$, $v_2 = (x_2, y_2)$, ..., $v_n = (x_n, y_n)$といった頂点列がシステムに入力されます。mousePressed()イベントのときの頂点を始点、mouseReleased()のときの頂点を終点として記録します。そこから、2つの頂点を、$e_0 = (v_0, v_1)$, $e_1 = (v_1, v_2)$, $e_2 = (v_2, v_3)$, ..., $e_{n-1} = (v_{n-1}, v_n)$という辺でつなぎます。始点から終点までの一連の頂点列と辺を、

ストローク(stroke)と言います。これをベクタ表現として保持します。

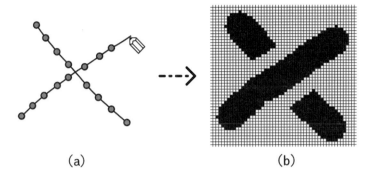

図1-15　HollyでのＣ保存形式。マウスで入力した情報を、ラスタ表現とベクタ表現の2つの表現方法で保存している。

　システムは、保持した図形要素を図1-15(b)のようなラスタ表現に変換し、処理を行います。システムはストロークの周りに図1-16のようにポジティブな領域を描き、その上からネガティブな領域を少し小さく描きます。各ピクセルは最後に描かれたほう（ポジティブかネガティブか）の情報を保持していきます。

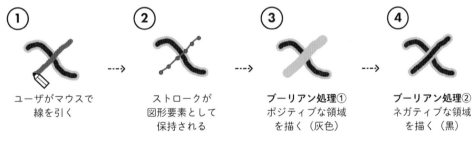

図1-16　描かれたストロークのアルゴリズム。説明のため、本書ではポジティブな領域をグレーで描いている。システムでの実装は白色。

　この方法で、図1-17のような"豚のしっぽ"のストロークを描くと、どうなるでしょう。ユーザがストロークを描き終わってから、ポジティブな領域を描いて、そのあとネガティブな領域を描くと、自己交差を持つストロークの場合には、真ん中が抜け落ちた穴になってしまいます。この問題を解決するために、Hollyのシステム内部では、「マウスドラッグイベントが呼ばれるたびに、ポジティブな幅の広いストロークとネガティブなストロークを少しずつ描画していく」という処理をしています。

　つまり、すべてのストロークに対して、始点と終点を区別して、頂点列に順序を持たせておき、マウスイベントが呼ばれるたびに順に処理をしていくことで、自己交差しているような線でも適切に描くことができます（図1-17）。また、ユーザはポップアップメニューから「リバー

ス」を選ぶことで、始点と終点を逆にして、自己交差を逆にすることもできます。初期設定では自動的にストロークの周囲にマージンが生成されていきますが、ユーザが必要ないと判断した場合には、図1-18のように両方のストロークを選択して「つなげる」を選ぶことで、マージンをなくすこともできます。この「つなげる」処理をした場合には、ストローク同士がグループとして記録されます。同じグループのストロークについて、すべてのポジティブな領域を描いたあとに、すべてのネガティブな領域を描くことで、つながった表現を実現しています。

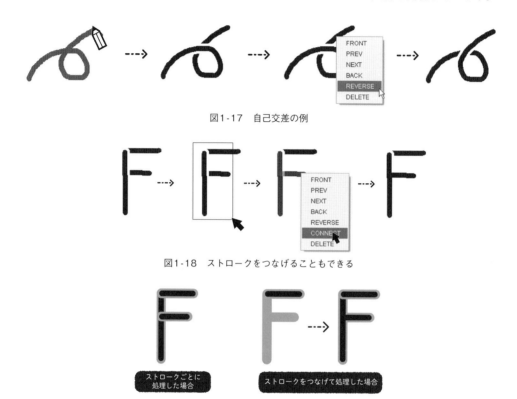

図1-17　自己交差の例

図1-18　ストロークをつなげることもできる

ストロークごとに
処理した場合

ストロークをつなげて処理した場合

図1-19　つながったストロークの処理アルゴリズム

COLUMN01 ブーリアン演算

ブーリアン演算（**Boolean operation**）とは、複数の形状を、和・差・積といった集合演算の組み合わせで形を作る演算です。図1-20のように、基本図形（プリミティブ）の組み合わせで表現できます。これは3次元への拡張も可能で、**ソリッドモデリング**[2]の1手法である**CSG**（**Constructive Solid Geometry**）**表現**などで使われています。

---

[2] 物体の内外を区別する情報を持ち、中身の詰まった3次元モデルを、ソリッドモデルと呼びます。3-2-3項で詳細を述べます。

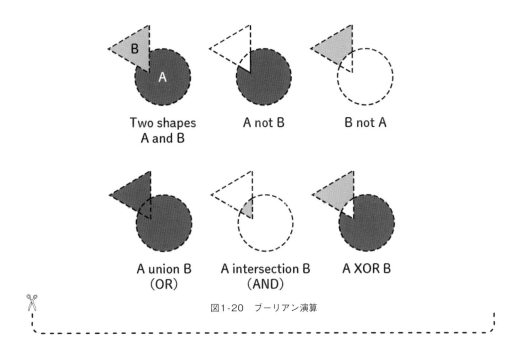

図1-20　ブーリアン演算

1-3 模様を自由に動かす

　さきほど説明したように、Hollyの内部では、「ユーザがマウスで線を引く」ことは「ストローク」として処理されており、膨大な量の座標が計算に使われています。平面物体であるステンシルシートのデザインを作るHollyは、xとyによる2次元直交座標系で座標を認識しています。ここでは、描いたストロークをドラッグで移動させたり、拡大縮小させたりするときに行われている、2次元座標変換について説明します。これは、CGにおける初歩的な知識です。

　2次元図形は、一般に、**2次元直交座標系**のなかで座標(x, y)を使って表現されます。

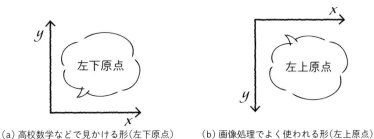

（a）高校数学などで見かける形（左下原点）　　（b）画像処理でよく使われる形（左上原点）

図1-21　2次元直交座標系

高校の数学などで使う2次元グラフは図1-21(a)のような座標系であることが多いですが、コンピュータのなかで画像を扱うときには、同図(b)のように左上を原点とする座標系を使うことが多いです。表現上の違いであって、どちらも考えは同じです。

1-3-1　平行移動

　2次元座標系のなかで、ストロークや図形を構成するすべての頂点について、座標(x, y)からそれぞれ同じ距離だけ移動させることを**平行移動**と言います。座標(x, y)にあった頂点に対して、x方向に$+10$、y方向に$+20$だけ平行移動させて、座標(x', y')に移動したとしましょう。これを数式で書くと、

$$x' = x + 10$$
$$y' = y + 20$$

と表現できます。

　平行移動する距離が(t_x, t_y)だとしたら、

$$x' = x + t_x$$
$$y' = y + t_y$$

と一般化して書くことができます。この計算をすることで、図1-22のように、2次元の頂点群を平行に動かすことができます。

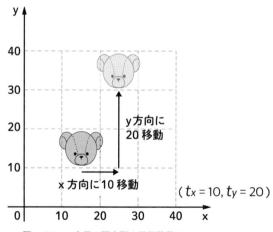

図1-22　2次元の頂点群を平行移動させる

1-3-2 拡大・縮小

点 (x, y) の座標値 x と y に対して、それぞれ x 軸方向に s_x 倍、y 軸方向に s_y 倍した点を (x', y') とすると、

$$x' = s_x x$$
$$y' = s_y y$$

と表現できます。これを原点 $(0, 0)$ を中心とした **拡大・縮小**（**scaling**）と呼びます。この値 s_x, s_y が1より大きい場合には拡大し、$0 < s_x < 1$, $0 < s_y < 1$ の場合には縮小します。

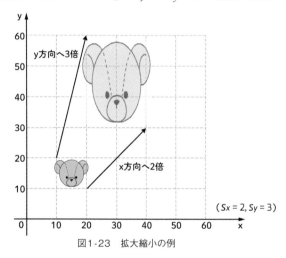

図1-23　拡大縮小の例

1-3-3 回転移動

原点を中心に、点 (x, y) を反時計回りに角度 θ だけ回転させた点 (x', y') を考えます。このとき、

$$x' = x \cos \theta - y \sin \theta$$
$$y' = x \sin \theta + y \cos \theta$$

という計算をすることで、**回転移動**させることができます。たとえば、60度回転移動させると、図1-24のようになります。

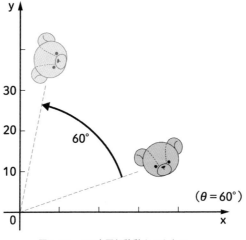

$(\theta = 60°)$

図1-24　60度回転移動させたもの

1-3-4　2次元アフィン変換と同次座標

　平行移動、拡大・縮小、回転のような幾何学的変換操作は、それぞれ単体で使われるだけでなく、平行移動させてから拡大、など複数の変換を順番に適用されることが多くあります。たとえば、1-3-2項や1-3-3項で紹介した拡大・縮小や回転移動は、どれも原点中心のものなので、その場で回転させたい場合などには平行移動と組み合わせる必要があります。以下に示すように、拡大・縮小と回転移動は、行列の式の形で表現できます。しかし、平行移動はその形ではないため、複数の変換操作が連続するときに不便です。

拡大・縮小　$\begin{pmatrix} x' \\ y' \end{pmatrix} = \begin{pmatrix} s_x & 0 \\ 0 & s_y \end{pmatrix} \begin{pmatrix} x \\ y \end{pmatrix}$

回 転 移 動　$\begin{pmatrix} x' \\ y' \end{pmatrix} = \begin{pmatrix} \cos\theta & -\sin\theta \\ \sin\theta & \cos\theta \end{pmatrix} \begin{pmatrix} x \\ y \end{pmatrix}$

平 行 移 動　$\begin{pmatrix} x' \\ y' \end{pmatrix} = \begin{pmatrix} x \\ y \end{pmatrix} + \begin{pmatrix} t_x \\ t_y \end{pmatrix}$

これらを全部まとめると、

$$\begin{pmatrix} x' \\ y' \end{pmatrix} = \begin{pmatrix} a_{00} & a_{01} \\ a_{10} & a_{11} \end{pmatrix} \begin{pmatrix} x \\ y \end{pmatrix} + \begin{pmatrix} t_x \\ t_y \end{pmatrix}$$

のように書くことができます。このように、拡大・縮小、回転移動などの線形変換と平行移動を組み合わせたものを、**2次元アフィン変換**と言います。また、「拡大してから回転させる」などのように、いくつかの変換を順に適用した変換のことを**合成変換**と言います。

しかし、このままでは、複数の合成変換をうまく表現することができません。というのも、平行移動だけ、

$$\begin{pmatrix} x' \\ y' \end{pmatrix} = 行列 \begin{pmatrix} x \\ y \end{pmatrix}$$

の形ではないからです。平行移動も含めて統一的な記述で扱うことができると、プログラム内で計算させるときにも扱いやすくなります。

そこで、これらの幾何学的変換を行列の式の形で表すために、**同次座標**と言うものを用います。同次座標とは、通常の座標での位置 (x, y) を、実数 w(ただし $w \neq 0$)[3] を用いて、(wx, wy, w) と表す座標系のことです。w の値はなんでもよいので、簡単にするために、普通は $w = 1$ として表現をします。

拡大・縮小
$$\begin{pmatrix} x' \\ y' \\ 1 \end{pmatrix} = \begin{pmatrix} s_x & 0 & 0 \\ 0 & s_y & 0 \\ 0 & 0 & 1 \end{pmatrix} \begin{pmatrix} x \\ y \\ 1 \end{pmatrix}$$

回転移動
$$\begin{pmatrix} x' \\ y' \\ 1 \end{pmatrix} = \begin{pmatrix} \cos\theta & -\sin\theta & 0 \\ \sin\theta & \cos\theta & 0 \\ 0 & 0 & 1 \end{pmatrix} \begin{pmatrix} x \\ y \\ 1 \end{pmatrix}$$

平行移動
$$\begin{pmatrix} x' \\ y' \\ 1 \end{pmatrix} = \begin{pmatrix} 1 & 0 & t_x \\ 0 & 1 & t_y \\ 0 & 0 & 1 \end{pmatrix} \begin{pmatrix} x \\ y \\ 1 \end{pmatrix}$$

このように、平行移動も含めて3×3の行列で表現することで、合成変換を行列の積として表現できるようになり、便利になります。

$$\begin{pmatrix} x' \\ y' \\ 1 \end{pmatrix} = \begin{pmatrix} 1 & 0 & t_x \\ 0 & 1 & t_y \\ 0 & 0 & 1 \end{pmatrix} \begin{pmatrix} \cos\theta & -\sin\theta & 0 \\ \sin\theta & \cos\theta & 0 \\ 0 & 0 & 1 \end{pmatrix} \begin{pmatrix} x \\ y \\ 1 \end{pmatrix} = \begin{pmatrix} \cos\theta & -\sin\theta & t_x \\ \sin\theta & \cos\theta & t_y \\ 0 & 0 & 1 \end{pmatrix} \begin{pmatrix} x \\ y \\ 1 \end{pmatrix}$$

---

[3] $w = 0$ とすることで、移動成分を無視することができます。また、**無限遠点**(限りなく遠い(無限遠)点のこと。空間に関する計算などに役立つ概念ですが、詳細な説明は省きます)も含めて扱うことができるようになります。しかし、ここでは話をわかりやすくするために、$w \neq 0$ としておきます。

1-4 カッティングプロッタで出力できるようにする

 (omitted)

1-4-1 ラスタ表現からベクタ表現への変換

　Hollyで描いた図柄を使って実際にステンシルをする場合には、印刷して切り取る必要があります。画像のまま印刷して、カッターを使って手作業で切り取ってもよいのですが、せっかくシステムで描いたのですから、**カッティングプロッタ**[4]などで出力できればスマートですね。カッティングプロッタには、ラスタ表現の画像を入力してベクタ表現に変換するソフトウェアが付いているものもありますが、基本的にはDXF形式やSVG形式などのベクタ表現でのフォーマットをサポートしています。

　この節では、図1-25のようにポジティブな領域とネガティブな領域の境界をトレースして、ベクタ表現のデータとして出力する方法を紹介します。

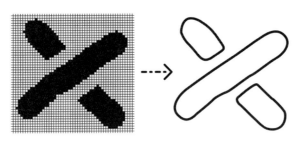

図1-25　ラスタ表現からベクタ表現への変換

1-4-2 マーチングスクエア法

　ラスタ表現からベクタ表現にトレースするためには、**マーチングスクエア法**[5]というアルゴリズムを用います。ピクセルすべてにポジティブな領域（白い領域）とネガティブな領域（黒い領域）がセットされています。ここで、ポジティブな領域を1もしくは○、ネガティブな領域を0もしくは●として考えていきましょう。図1-26(a)と(b)のようになるのがわかりますか？

　これに対して、図1-26(c)のように、半ピクセルずらして○●を頂点とした四角を考えます。すると、○●の組み合わせで、図1-27にあるような16通りのパターンに分類できることがわかります。これを**ルックアップテーブル**と呼びます。このルックアップテーブルを参照しながら、ケースに応じて対応する辺を適用していくことで、図1-26(d)のような境界線を描くことができます。

---

[4] カッティングプロッタとは、ステンシルシートやステッカーなど、シート状のものを切る機械のこと。PCやUSBメモリなどに接続して、画像データどおりにシートを切り抜くことができます。カッティングマシンとも呼びます。

[5] W. E. Lorensen and H. E. Cline. "Marching cubes: A high resolution 3D surface construction algorithm", ACM SIGGRAPH, vol. 21, no.4, pp. 163-169, 1987.

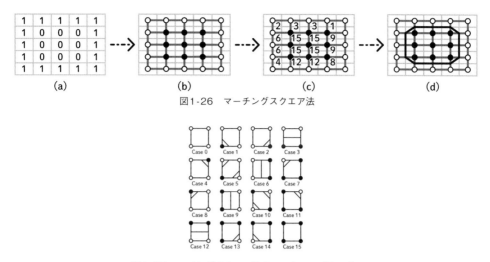

図1-26　マーチングスクエア法

図1-27 マーチングスクエア法のルックアップテーブル

　マーチングスクエアのアルゴリズムは、実は0と1の2値データだけでなく、2次元の**スカラデータ**（scalar data）からその輪郭を取り出すアルゴリズムです。スカラデータとは、図1-28の左図のように、それぞれのピクセル（に対応する座標）に数値が保持してあるデータのことです。ラスタ表現のグレースケール画像から、輪郭を取り出したいとしましょう。黒（0値）から白（255値）までの256階調で、各ピクセルが表されています。図1-28の例で、スカラ値が30のところに境界線を引くことを考えてみましょう。左上の4マスに注目してみると、30よりも暗いか明るいかで判断して、図1-27のCase 13だとわかります。ここで、右側の辺は、20と40のちょうど間が30なので線形補間すると、中央に頂点がきます。下側の辺は、両端が10と40の値なので、30は右から3分の1のところに頂点がきます。このように線形補間して求めていきます。求まった等しい値の線のことを、**等値線**（とうちせん）と言います。

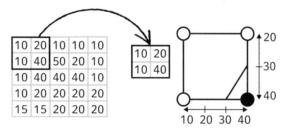

図1-28　スカラデータに「30」で境界線を引く例

　このアルゴリズムは、立体表現では**マーチングキューブ法**と呼ばれます。**ボリュームデータ**（3次元の立体的なデータ）から等値面を抽出する手法、つまり、物体の表面をポリゴンで表す手法として代表的なものです。

COLUMN02　子どもたちがつくったステンシルシート

　私は、Hollyを使ったワークショップを、小学生を対象として開催してきました。参加してくれたのは、小学校1年生から6年生までの子どもたち。子どもたちが作成した、オリジナルデザインのステンシルシートを紹介します。

　図1-29は、日本科学未来館で行った友の会のイベントのようすです。タブレットPC上でHollyを起動させて、ペンタブレットでデザインしていきました。使いかたを説明する前から、タブレットPCを前にして自由にデザインを始める子どもたち。通常のペイントソフトと同じように絵を描けばステンシルシートができあがっていくので、楽しそうに絵を描いていました。

　Hollyでのデザインのようすを見ると、ブラシツールで描いている子もいれば、塗りツールで絵を面で描いていく子もいました。また、実際にインクをのせるときは、同じステンシルシートのなかで別のインクを使い、色の異なるちょうちょを2匹描く子もいれば、ステンシルシートをひっくり返して、左右対称のクローバーをステンシルする子もいました。デジタルポケットの原田康徳博士[6]からは、塗りツールで描かれた作品に対して、「面で絵を描く経験はなかなかできないので、このツールはそういう観点から見ても面白いね」というコメントがありました。

図1-29　日本科学未来館友の会イベント「ステンシルでオリジナルエコバッグをデザイン」

---

[6]　ビジュアルプログラミング言語「ビスケット」の開発者。

図1-30は、つくばエキスポセンターで行ったイベントのようすです。特別展「文具展〜身近な道具にかくれた技術〜」のなかでHollyを展示し、関連イベントとして開催しました。子どもたちは自由な発想でステンシルアートをデザインしていました。すべて一色ではなく、インクの色を変えたり、濃淡を利用してアレンジしたりといった工夫もしていました。

図1-30　特別展「文具展〜身近な道具にかくれた技術〜」関連イベント
「ステンシルでオリジナルカードを作ろう！」（つくばエキスポセンターにて）

1-5　バラバラの線を1つにつなげる

　Hollyでは、マーチングスクエア法によって得られた**エッジ**（**edge**、**辺**）をトレースして、**スムージング処理**[7]をしてから、ベクタ表現のデータとして保存しています。また、ユーザがブラシツールで描くストロークについても、フリーハンドだと揺れが生じてしまうので、スムージングを適用したものを利用しています。ここでは、そういった頂点列の処理について解説したいと思います。

　マーチングスクエア法で計算されたエッジは、描画してみると一見すべての辺がトレースできたように見えるかもしれません。しかしここで求まっているエッジは、すべて1本1本の辺であり、順序はバラバラです。複数のエッジをぐるっと一周、順序よく並んだ辺と頂点列

---

[7]　線をなめらかにする処理のこと。

にするためには、処理が必要です。

　領域の外周の頂点を順番に並べるためには、まず起点（**シード**）となる頂点を選びます。この頂点から出発して、エッジに対して反対側の頂点を選択、その頂点から接続する次のエッジを選択、……というように、順々にトレースしていくことで、並んだ頂点列をリストとして返します。アルゴリズムの疑似コードを、リスト1-1に示します。

リスト1-1 外周の頂点を順番に並べるアルゴリズム 擬似コード

```
求める頂点列リスト vertices を作成して初期化しておく
頂点v ← 起点となる頂点 seed ┃─────── 矢印（←）は代入の意味
while( 最初　または　頂点vがseedでない間 ){
    頂点列リストvertices に頂点vを追加する
    辺 edge ← 頂点vから接続する辺のうちたどっていない辺を入れる
    if(edge==null) break ┃─────── たどっていない辺がもうなかったらwhile文を抜ける
    辺 edge をたどったことをマークしておく（visited 変数をtrue）
    頂点 v ← edgeに対して頂点vと反対側の頂点
}
return 頂点列リスト vertices
```

　さて、マーチングスクエア法でのストローク抽出や、ユーザの描いたストロークに対するスムージング処理をしたいとき、図1-31のように「隣り合う頂点に対して平均の場所に向かって半分の距離を動かす」といった処理を行うと簡単です。実際には、リスト1-2のようなアルゴリズムで、頂点の位置を調整していきます[8]。移動したい先の頂点座標を計算したら、そのときにすぐ動かさずに、すべての頂点に対して移動先を計算し終わってから移動させています。

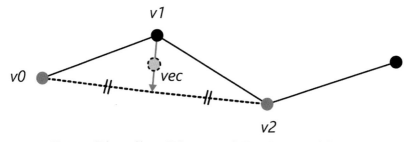

図1-31　頂点v1に対して、頂点v0とv2の位置の平均の場所へ移動させる

リスト1-2 ストロークのスムージングアルゴリズム 擬似コード

```
n：頂点数
入力頂点列 vertices[n]
```

---

[8] Processingでは、ベクトルを扱うために、PVectorというクラスが用意されています。

```
各頂点に対する移動ベクトルを配列で用意 vectors[n]
if(nが3以下だったら)なにもしない
for(入力頂点列verticesを順番に0からn-1まで処理){
  頂点 v0 ← i個目の頂点の1つ前 // vertices[i-1]
  頂点 v1 ← i個目の頂点        // vertices[i]
  頂点 v2 ← i個目の頂点の1つ後 // vertices[i+1]
  頂点 mid = v0とv2の中点 // ((v0.x+v2.x)/2, (v0.y+v2.y)/2)
  vectors[i] ← 頂点v1から頂点mid_pointまでの移動ベクトル / 2
}
for(入力頂点列を順番に0からn-1まで処理){
  頂点に対して、移動ベクトルの分だけ移動させる
}
```

　さて、図1-31のアルゴリズムの欠点は、シャープな形状が丸められてしまうことです。シャープな形状を保つためには、「頂点だけから算出するのではなく、頂点と頂点から成るベクトルを計算して、それらの単位ベクトルの**内積**[9]の値を閾値と比較して判断する」という方法が考えられます(図1-32)。シャープな形状を保つスムージング処理は、リスト1-3のようなアルゴリズムで行います。

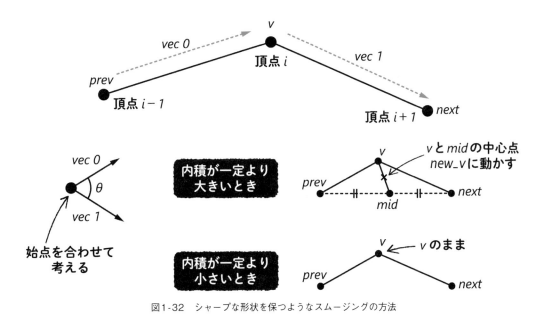

図1-32　シャープな形状を保つようなスムージングの方法

---

[9]　ベクトル a とベクトル b の内積とは、$|a| \times |b| \times \cos\theta$ で定義される**スカラ値**(ベクトルや行列でない単一の値)のことです。(a, b) や $a \cdot b$ と表記します。スカラ積やドット積とも呼びます。

```
頂点数n
入力頂点列  vertices[n]
各頂点に対する移動ベクトルを配列で用意 vectors[n]
for( 入力頂点列verticesを0からn-1まで順番に処理 ){
  頂点v ← i番目の頂点
  if (i==0 && i==n-1){
  target[i] ← ( 0 , 0 ) // 端だったら移動しないのでゼロベクトルを代入
}else{
  頂点 prev ← i-1番目の頂点 // 前の頂点
  頂点 next ← i+1番目の頂点 // 次の頂点
  ベクトルvec0 ← 頂点prevから頂点vまでのベクトル
  ベクトルvec1 ← 頂点vから頂点nextまでのベクトル
  if ( ベクトルvec0とvec1の内積が0.5よりも大きい ){
    頂点 mid ← 頂点prevと頂点nextの中間点
    頂点 new_v ← 頂点vと頂点midの中間点 //移動後の頂点
    vectors [i] ← 頂点vから頂点new_vまでの移動ベクトル
}
for( 入力頂点列を順番に0からn-1まで処理 ){
  頂点に対して、移動ベクトルの分だけ移動させる
}
}
```

1-6 カットすると抜け落ちてしまう「島」を検出する

1-6-1 Flood Fillアルゴリズム

　Hollyは、ユーザが自由にデザインすると、「絵が1枚につながっていなければならない」という制約を満たすような図柄を自動生成していきます。さて、少し考えてみると、ステンシルの図柄をデザインしていくうちに、ステンシルシートと接続していない、孤立したポジティブな領域(島)ができてしまうことがあると気がつくかと思います。

　Hollyはこの島の領域を自動的に検出します。そして、ステンシルシートに接続しないポジティブな領域を、図1-33(b)のように、警告としてハイライトして提示します。ユーザはこれを見ながら、

警告がなくなるようなデザインに修正していきます。この領域がある状態で最終的なベクタ表現のデータファイルに出力した場合には、島となった領域は、図1-33(c)のように消されます。

(a) 孤立する領域が
できる線を引くと…

(b) 自動的に検出して
ハイライトで警告

(c) そのままにした場合
出力データで削除

図1-33　警告モードの例。ユーザが描いているときに島ができるとその領域をハイライトしてユーザに示す。

　ステンシルシートに接続しないポジティブな領域の検出には、**Flood Fillアルゴリズム**を使っています。Flood Fillアルゴリズムとは、いろいろな画像編集ツールで塗りつぶし機能（バケツ機能）として利用されているものです。まずは、Flood Fillアルゴリズムについて解説します。

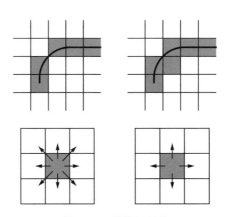

図1-34　4連結と8連結

　ラスタ表現の画像では、図1-34右のように、注目するピクセルに対して上下左右のピクセルとの連結関係を見ていくことを**4連結**と言います。斜め方向も加味した**8連結**で考えることもあります。

　Flood Fillアルゴリズムを4連結で考えていきましょう。隣り合ったピクセルが同じ色であれば同じラベルを、違う色であれば違うラベルを付けるというものです。ここで言う**ラベル**とは、旗や印のようなもののことです。

　現在処理しているポイントをpとすると、以下のようなアルゴリズムで、再帰的に処理を施しながら計算していきます[10]。

---

[10] 処理の関数のなかで、自分自身を再度呼び出すような処理のことを、**再帰関数**と言います。

リスト1-4　Flood Fill アルゴリズム 擬似コード

```
0.　あるスタートポイントをpにします。
1.　もしpがすでに処理済みであれば、以下の処理を全部スキップして戻ります。
2.　pを処理すべきポイントとして認識し、処理を行います。
3.　pを処理済みとマークします。
4.　pの下のポイントをpとして1から実行し直します(再帰)。
5.　pの左のポイントをpとして1から実行し直します(再帰)。
6.　pの上のポイントをpとして1から実行し直します(再帰)。
7.　pの右のポイントをpとして1から実行し直します(再帰)。
```

　Hollyでは、Flood Fillアルゴリズムを適用して、ポジティブな領域を抽出します。抽出する際に、外周を含む領域についてはラベルを0番として記録します。そのほかのポジティブな領域については、それぞれラベルを1番、2番、……と記録していきます。すべての領域についてFlood Fillをし終わったあとに、ポジティブな領域のラベルが0番だけであれば、ポジティブな領域が1つだけで1枚につながっている、ということになります。

　ポジティブな領域が、1番、2番……と複数あれば、0番以外は島となるので、これらを抜け落ちてしまう領域としてハイライトしてユーザに提示しています。

1-7　最小木を構築して1枚のシートにつなげる

　Flood Fillアルゴリズムを使えばポジティブな領域を検出可能と述べましたが、ここでもう少し踏み込んでみましょう。コンピュータで自動検出するからには、ただ警告するだけでなく、自動で橋渡しをして1枚のつながった領域に修正してみることにしましょう。

　たとえば、ユーザがアンダーライティングモードにおいて塗りストロークを描くと(図1-35(a))、Hollyは島をステンシルシートに接続するための橋を生成します(同図(b))。ユーザがストロークを動かした際には、自動で橋の位置を修正したり(同図(c))、橋を生成する必要がなくなった場合には橋を消去したりします(同図(d))。自動で生成された橋をユーザが気に入らない場合には、ユーザは自分がデザインしたい位置に消しゴムツールで橋を描くことで、必要なくなった自動生成の橋は消去されます(同図(e)(f))。消しゴムツールを選択した際には、ブラシツールや塗りツールの内側のネガティブの領域を描かないアルゴリズムで、ポジティブな領域に変更します。ユーザは橋やマージンの幅を変更することができ、これらは最終的に作るステンシルシートの素材に応じて決定していけばよい値です。また、ユーザは自動橋生成モードをオフにすることもできます。

(a) アンダーライティングモード
で塗りストロークを描く

(b) ステンシルシートに
接続する橋を生成する

(c) ユーザがストロークを動かす
と橋の位置を修正する

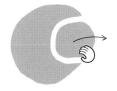

(d) 必要なくなった橋を
自動で消去する

(e) ユーザは消しゴムツールで
橋を描くことができる

(f) 自動生成された橋は
不要になれば自動で消去する

図1-35　システムは自動的に島を検出し、橋を生成する。必要のない橋は消去される。

　さて、これを実現するためには、Flood Fill アルゴリズムを適用してポジティブな領域を抽出したあと、すべての領域を最短で接続可能な橋を計算し、挿入する必要があります。そのために、ポジティブな領域と、別なポジティブな領域の外周にある頂点の組み合わせのなかで、最短距離を見つける計算を行っていきます。

ポジティブな領域の含有・単純な場合　　　デザインの過程でポジティブな領域が増えていく場合

図1-36　自動橋生成アルゴリズムのために、ポジティブな領域同士の最短距離を計算する

　図1-36左のようなポジティブな領域の包含であれば、2つのポジティブな領域を構成するストロークの頂点群同士を比較して、最短距離をとるような頂点の組み合わせを見つければよい、ということになります。しかし、図1-36右のように、デザインを進めていくにつれてポジティブな領域が増えていくケースも考えられます。また、内側のポジティブな領域は、必ず外側のポジティブな領域につながらなければならないとは限りません。この例のように、近くの別のポジティブな領域の頂点につながっていればよい、ということもあります。

Hollyでは、ユーザのデザインの邪魔をしないように、自動生成する橋は最短の橋をかけます。そのために、距離をコストとする**完全グラフ**を生成して、**最小木**（minimum spanning tree）を構築し、**最小木問題**（minimum spanning tree problem）を解く、という処理を行っています。一つ一つ丁寧に解説していきたいと思います。

まず**グラフ**とは、**ノード**（**頂点**）群とノードとノードの連結関係を表す**エッジ**（**枝**）群で構成される**データ構造**のことを指します。また、このグラフに関する数学の理論のことを**グラフ理論**と言います。このあたりのことに興味が出た方はぜひ、グラフ理論というキーワードで学習していくとよいでしょう。

任意の2頂点の間に枝があるグラフのことを、**完全グラフ**と言います。たとえば、図1-37は、頂点が6個のときの完全グラフです。どの2点をとっても必ずエッジで結ばれているのがわかると思います。

グラフのエッジに**重み**（**コスト**）がついているグラフを、**重み付きグラフ**と呼びます。たとえば、駅の乗り換え案内の経路算出の場合には、駅と駅の間の所要時間を「重み」として、どのルートが最短になるか算出していきます。

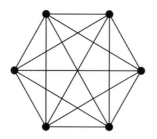

図1-37 頂点が6つの完全グラフ

図1-38のような、閉路を含まない連結なグラフを**木**と呼びます。重み付きのグラフに対して、すべてのノードを点集合とし木になっている部分グラフを、**全域木**（spanning tree）と呼びます。グラフ上において重み最小の全域木を**最小木**と言い、最小木を求める問題を**最小木問題**と呼びます。

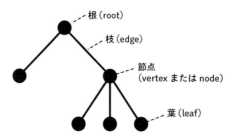

根（root）

枝（edge）

節点
（vertex または node）

葉（leaf）

図1-38 閉路を含まない連結なグラフを「木」と呼ぶ

Hollyでは、ポジティブな領域を$R_0, R_1, R_2, ..., R_n$としたときに、任意の2つの領域の外周に存在する頂点列同士の最短距離を算出して、その値を重みとした完全グラフを構築したあと、最小木を作ります。そして、その最小木に使われている枝に対応するエッジに、自動で橋を渡すという処理をします。この計算は、ユーザが画像を編集するたびに再計算しています。

COLUMN03 Hollyが生まれたきっかけは？

　さて、このようにコンピュータでいろいろな計算をすることで、素人がステンシルデザインを行うことを支援できます。実際にこのシステムができたのは、私がステンシルを手作業で行おうとして挫折したから、といった経緯があります。

　これは息子が誕生したころの話です。生まれたての赤ちゃんが着る新生児服は、図1-39のように真っ白なものが多いのですが（最近はカラフルな新生児服も多いみたいです）、これを準備していた私は、「真っ白でつまらないから、刺しゅうでもしてかわいらしくしてしまおう」と考えました。ところが、里帰りしていた私は、あっけなく母に止められたのです。

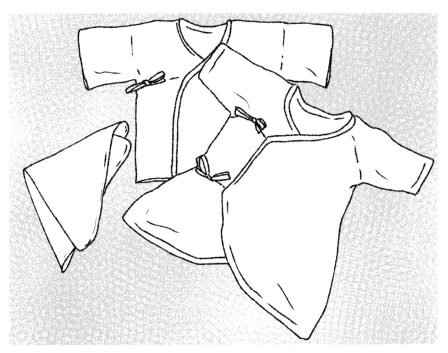

図1-39　赤ちゃんの肌着

「赤ちゃんの肌は敏感だから、刺しゅうなんてダメ。玉止めが肌にあたってしまうのはよくないし、縫い目だってなるべく肌に直接当たらないように工夫されているのよ」

確かに新生児服は縫いしろが外側に来るように作られており、肌に当たらないような工夫がされています（裏表に着せているような感じです）。

そこで私は「じゃあ、ステンシルしたらどうかな？ 布用のインクもあるみたいだし」と考えました。せっかくならオリジナルの図柄をステンシルしたい、と思い、紙と鉛筆を持ってきてステンシルの型をデザインしてみたのですが、ステンシルは「1枚の紙でつながった形状」という制約があるため、実は難しい。インターネットで「ステンシル」と検索をしたりして、いろいろ試してみること数時間……。「これはステンシル用のお絵かきソフトを作ったほうが早いかも！」と思い立ったのが、この研究の始まりです。

既存研究を調べると、1枚の絵を入力としてステンシルに変換する技術は論文発表されているものの、ユーザが描く絵を対話的にステンシルとしての処理を施していく技術はまだ発表されていません。「次の研究テーマはこれだー！」と、ビビビとくる瞬間です。

このようにして始まった、ステンシル専用お絵かきソフトの開発。お絵かきソフトというと、一般にはベクタ表現とラスタ表現に大きく分かれます。どちらにするかも当然悩みました。ユーザ（開発当初の時点では私自身）から見たら、一度描いた線を消したり、順番を入れ替えたりしたいので、ベクタ表現のソフトがいい。でも、システムで「1枚の紙につながった」という処理を施すには、ラスタ表現で演算処理したほうがいい。悩んだ末、結局システム内部で両方の形式を持たせたまま開発していきました。これも最終的には、このソフトの技術的なポイントになりました。

というわけで、これまでステンシルデザインを行ったことがない人で、ここまで読み進めてくださった方はぜひ、まずは手作業でステンシルシートをデザインしてみてください。デザインのしかたは、1-1-1項の「一般的なつくりかた」を参考にしてみるとよいでしょう。紙に好きなロゴやイラストを描いてみて、クリアファイルに挟んで、上からマジックでなぞって……。最後にカッターナイフで切り落としてできあがりです。上からインクをのせてみると、簡単にステンシル作品ができます。自分の思いどおりのものができましたか？ これまでやったことがないことに挑戦することは、なにかを発見するきっかけになるかもしれません。

Chapter 2
パッチワーク×陰影処理

2-1 パッチワークのつくりかた

　パッチワークとは、小さな布の端切れを縫い合わせて大きな布を作ることです。「パッチ」という言葉には、布切れ・つぎはぎなどの意味があります。好きな布をつなぎ合わせれば、パッチワークのできあがり。必要な道具は布の端切れ、針と糸。ミシンで作る場合と、手縫いの場合とあります。また、アイロンをかけることで綺麗に作っていくことができます。小さなピースを縫い合わせて作れるパターンは無限大です。

　これだけ聞くと簡単にできそうに思いますが、「小さな端切れをどのように組み合わせたらどのような配色になるのか」は、縫ってみないとわからないのです。

2-1-1　一般的なつくりかた

　一般的なパッチワークの1つに、図2-1のような「フォーパッチ」と呼ばれるパッチワークがあります。これは、4枚の正方形をつないだパターンを使って作るものです。

4枚の正方形をつないでつくる
フォーパッチ
2種類の柄を互い違いにする場合も、
すべて違う柄にする場合もある

図2-1　フォーパッチの一般的なパターン

　また、パッチワークと似た言葉に、「キルト」というものがあります。キルトとは、表布、綿、裏布の3枚を重ね合わせて刺し縫い（キルティング）したものを指します。花柄や波などの美しいライン模様、綿や毛糸などを入れた浮彫り模様を描く技法があります。パッチワークというとキルトされたものを思い浮かべることも多いかと思いますが、図2-2のように、パッチワークは必ずしもキルトされているとは限りません。キルトされているパッチワークのことを、とくに「パッチワークキルト」と呼ぶことがあります。

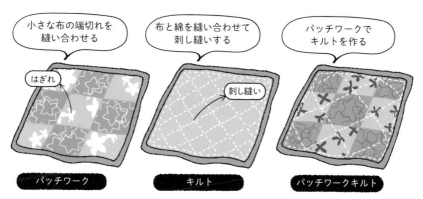

図2-2　パッチワークとキルトの違い

　さて、パッチワークした布は裏側に縫い目が出てしまうので、裏地を付けて縫い合わせるのが一般的です。裏地と一緒にステッチで縫い、布が浮くのを抑えるといった処理をします。表から縫った縫い目をステッチと言い、どのように縫うかでデザインとしての見栄えが異なることもあります。

　ここまで述べたように、パッチワークは「どの布とどの布を組み合わせるか」だけでなく、「キルトにするか」や「どうやってステッチするか」によっても見た目が左右されます。そのため、初心者の場合はとくに、実際に縫ってみるまで完成形がわからないのです。

2-1-2　コンピュータを用いたつくりかた

　パッチワークをコンピュータでデザインすることで、あらかじめどのような配置でそれぞれの布地を配置するか、何色系統の色を使うか、一部だけ入れ替えたらどのように見えるか、遠くから見たらどのような柄に見えるか、などを手軽に試行錯誤することができるようになります。

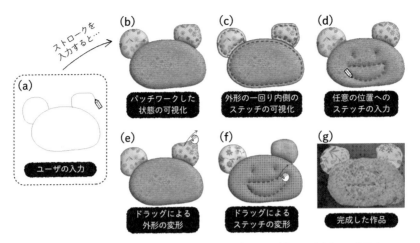

図2-3　パッチワークデザインシステム「Patchy（パッチー）」でのデザインのようす

　図2-3は、パッチワークデザインシステム「**Patchy**（パッチー）」を使って、パッチワークを
デザインしたようすです。図2-3(a)のように、ユーザがパッチワークの外形をドローツール
で描いたあとに、その外形のなかに、布をスキャンした画像をドラッグアンドドロップする
ことで、図2-3(b)のようにパッチワークをしたあとのようすを**可視化**することができます。
また、図2-3(c)のように、外形の一回り内側にステッチをしたようすをシステムが自動で計
算して入力したり、図2-3(d)のように、好きなラインでステッチを入れたりすることができ
ます。さらに、図2-3(e)のように、一度描いたストロークに対してつまんでひっぱる操作を
すると、そのパッチの外形ストロークを変形させることができます。図2-3(f)のように、ステッ
チのストロークもひっぱって変形させることもできます。

　さらに、図2-4のように、四角や三角といった**基本図形（プリミティブ）**を集めて、模様を作
成していくこともできます。プリミティブの組み合わせやパッチワークの図柄の組み合わせ、
ステッチの有無など、さまざまな試行錯誤をシステム内で実行できるというわけです。

　この章では、Patchyのしくみを通じて、CGにおける線の描画や、色や陰影の処理につい
て学んでいきましょう。

図2-4　布のデザインやステッチの有無を試行錯誤することができる

やりたいこと：ユーザがデザインするたびに、パッチワーク作成後の見栄えを
　　　　　　　　システムで描画する

制約条件：リアルタイムで処理するために、2次元で3次元的表現をする

この章で学べること：　写実的描写　スムージング・法線ベクトル・ピクセルの描画方法

2-2　ユーザが描いた線をきれいにする

　Patchyでは、ユーザが自由に描いたパッチワークの外形（ストローク）を、システムが連続する点に変換して処理を行います。しかしユーザが入力したストロークはマウスイベントのたびに頂点を生成していくので、ユーザが素早く描いた部分は点の密度が粗く、ゆっくり描いた部分は密になります。これをコンピュータのなかで均一にしてから処理を行うと、綺麗なストロークになります（図2-5）。

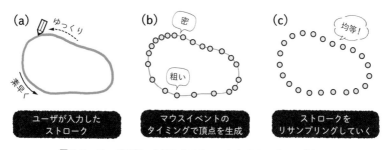

図2-5　ユーザが描いた線からストロークをリサンプリングする

　ストロークの**リサンプリング**[1]にも、いろいろなやりかたがあります。たとえば、図2-6はストロークがあったときに、分割数nを入力してリサンプリングする方法です。まずはストロークの長さを計算しますが、隣り合う頂点どうしの距離の和を計算して全長とします。その後、リスト2-1のように、ストロークに対して分割数nを入力して、等間隔の基本となる長さ$unit$を計算し、これを使ってリサンプリングしていきます。

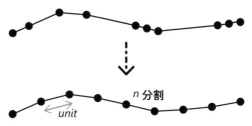

図2-6　分割数を入力してストロークをリサンプリング

---

[1] リサンプリングとは、一度サンプリングされたデータをサンプリングし直すことです。アナログの情報をデジタルに変換する際に行う処理の1つにサンプリング（標本化）があり、今回の場合は、ユーザの入力を「この位置に点がある」という情報に変換することが該当します。サンプリングされた点をきれいにする（スムージング）ために再度点の位置を算出し直すことを、リサンプリングと呼んでいます。

リスト2-1　分割数を指定してストロークをリサンプリングするアルゴリズム 擬似コード

```
分割数 n
頂点列リスト vertices
if (nが1以下) そのまま返す
float unit ← verticesの全長/ (float)n;          単位あたりの長さを算出
リサンプル後の頂点列 resampled を用意して、最初の頂点vertices[0]を追加
float total ← 0;
float prev_total← 0;
前の頂点 prev ←最初の頂点 vertices[0]
次の頂点nextを用意
float next_spot ← unit
int index ← 1;
int count ← 0;
while(breakで抜けるまで){
  if (indexが分割数n) break;
  次の頂点next ← vertices[index];
  total += 頂点prevと頂点nextの距離
  while (total >= next_spot) {
    頂点new_vertex ← interpolate(prev, next, (next_spot-prev_
    total)/(total-prev_total));
    リサンプル後の頂点列resampledに、頂点new_vertexを追加
    next_spot += unit;                   頂点prevと頂点nextの間を、
    count++;                             補間して新しい頂点を求める
    if (count = n-1) break;
  }
  if (count == n-1) break;
  prev ← next;          前の頂点を更新
  prev_total ← total;
  index++;
}
resampledに最後の頂点vertices[n-1]を加える
return resampled;
```

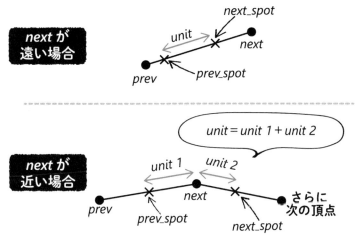

図2-7　リスト2-1のアルゴリズムの図解

リスト2-2　頂点と頂点の補間した頂点を求める関数　擬似コード

```
頂点start
頂点end
補間する値t
return (start.x * (1-t) + end.x * t, start.y * (1-t) + end.y * t);
```

　図2-7に示すように、「次の頂点が遠かったら、$unit$分だけ離れたところに頂点を生成する」「次の頂点が近すぎたら、さらに次の頂点までの間を考えて、頂点を生成する」などの処理を行い、等間隔 $unit$ でリサンプリングしていきます。リサンプリングする用途によっては、分割数 n を入力するのではなく、等間隔 $unit$ を入力して計算するようなアルゴリズムにすることもできますね。

2-3 ステッチのラインを計算する

2-3-1　入力ストロークの向きの統一

　次に、ユーザが描いたパッチワークの外形の内側に、自動でステッチを再現するしくみを見ていきましょう。

　ユーザが入力したストロークから一回り内側にストロークを入力するためには、ユーザが入力したストロークに対する**法線ベクトル**[2]を計算しておくことが必要です。そのためには、

---

[2]　ある線や、ある面の接線に対して垂直な線のこと。3DCGにおいて、**レンダリング**（ディスプレイ上に描画すること）や**シェーディング**（陰影を付けること）の計算に用いられます。

まず、ストロークの向きを統一しなければいけません。図2-8のように、ユーザが右向きに描いたか、左向きに描いたかで計算が異なってくるので、これを統一する処理をしておきます。

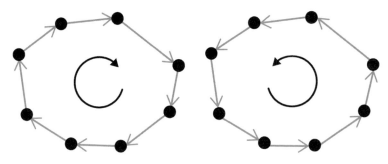

図2-8　ストロークの向き

　ストロークの向きを判定するためには、ストロークの頂点群の端の頂点を使って計算をします。図2-9では、左端の頂点を使って計算していきましょう。まず、左端の頂点を求め、その点とその点の前後の点を用いて、多角形のループの向きを求めることができます。端の点を点B、点Bの1つ前の点を点A、点Bの1つ次の点を点Cとすると、点Cが線分ABの右にあるとき、ループは時計回りです。一方、点Cが線分ABの左にあるとき、ループは反時計回りです。

　こういった計算をするときには、ベクトルABと、ベクトルBCの**外積**[3]を計算します。2次元のベクトルの外積は、$v_1 \times v_2 = x_1 \times y_2 - x_2 \times y_1 = |v_1||v_2|sin(\theta)$ となり、結果として出てくる値の符号（正負）は $sin(\theta)$ で決まります。つまり、ベクトル v_1 に対して、v_2 のベクトルが左にあるか右にあるかを判定するのに使えます（ちなみに結果が0だったら2つのベクトルは平行であることを示しています）。この方法で、自分の扱いたい向きと頂点列が逆向きだった場合には、揃えておく処理を行います。頂点列のリストを逆向きにすればOKです。

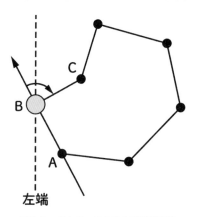

図2-9　ストロークの向きの判定方法

---

[3]　内積はスカラ値でしたが、外積はベクトルです。ベクトルaとベクトルbの外積は、a×bと表記します。外積a×bの大きさはベクトルaとベクトルbによってできる平行四辺形の面積であり、外積a×bの向きはベクトルaからベクトルbに向かって右ねじを回転させたときにねじが進む方向となります。ベクトル積とも呼びます。

2-3-2　入力ストロークに対する法線ベクトルの計算

　頂点の向きが揃ったら、今度は内側に一回り小さいストロークを描きます。図2-10のように、頂点 v_{i-1} と、その次の頂点 v_{i+1} を結ぶベクトルを計算して、単位ベクトルとします。それを90度内側に回転させたベクトルを、頂点 v_i に対する法線ベクトルとします。この法線ベクトルを使って距離 d の分だけ法線ベクトル方向に進んだ点を計算して、これを列としたものを内側のステッチ用のストロークとします。この部分のアルゴリズムの流れは、リスト2-4のようになります。ここでの入力ストロークはパッチワークの布の外周になるので、閉じたループであることを仮定しています。

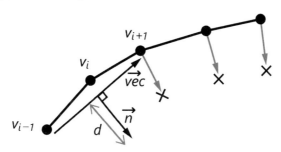

図2-10　各頂点に対する法線ベクトルの計算方法

リスト2-4　内側に自動でステッチとなるストロークを入力するアルゴリズム　擬似コード

```
入力頂点列 vertices
新しい頂点列 new_verticesを用意
頂点prev ← 入力頂点列の最後の頂点
for( 入力頂点列 verticesに対して、順番に処理をする ){
    ベクトル vec ← 頂点prevから次の頂点nextまでのベクトル
    ベクトルvecを90度回転して、長さdのベクトルに変換
    新しい頂点 new_v ← いまの頂点vにベクトルvecを加えた頂点
    新しい頂点列new_verticesに頂点new_vを加える
    prev ← vで置き換える
}
return new_vertices
```

2-4 画像や色で領域を塗る

　Chapter1で紹介したステンシルの場合、システムで再現するものはステンシルシートだったため、システム上では白黒の2色で表現していました。しかしPatchyの場合、システム上で再現したいのはパッチワークの仕上がりイメージです。そのため、線を引くだけでなく、布の色や模様を描画する必要があります。

　Patchyでは、ユーザの設定したカラーで領域内を塗りつぶしていきます。また、パッチワークのストロークのなかに、好きな柄の画像をドラッグアンドドロップすることで生地を表現できます。こういった、柄を表現するための画像を、**テクスチャ画像**と呼びます。ドラッグアンドドロップしたときに、ストロークに囲まれた領域内の2次元座標を計算して、テクスチャ画像の2次元座標（**UV座標**と言います）を参照しながら、対応するピクセルに画像で使われている色を設定していきます。この処理によって、ストロークに囲まれた領域内に、画像を貼り付けたように描画することができます（図2-11左）。

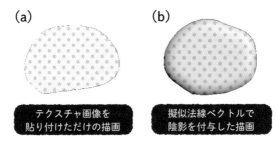

図2-11　テクスチャ画像の貼り付けと疑似法線ベクトルを使った陰影を付与した描画

　ただし、これでは画像をそのまま切り取って貼り付けただけの状態なので、図2-11右のような、立体的でぷくっとした形状を表現することはできません。次の節で、同図右のような表現について解説します。

 ## 2-5 ぷくっと膨らんだ質感をつくる

2-5-1　擬似的な法線ベクトルを計算する

　ここでは、パッチワークの「ぷくっ」とした表現をどのように実現しているかを解説します。Patchyでの表現も、ステンシルシステムHollyと同様、ベクタ表現とラスタ表現の組み合わ

せで行っています。ユーザのストロークは、ベクタ表現のプリミティブとしてシステムに保持してあります。システムは、そのストロークと布をスキャンした画像を使って、ラスタ画像として各ピクセルの色を決めていきます。

　そこで、法線ベクトルを計算します。さきほどは2次元のなかで、入力ストロークに対する内側を算出するために2次元の法線ベクトルを計算しましたが、今度は布に対して高さ方向、つまり3次元座標での法線ベクトルを考えます。図2-12のように布を机の上に置いた状態では、布がx軸とy軸の2次元で、机に対して垂直方向がz軸となります。次ページの図2-14(a)のようにテクスチャ画像を貼り付けただけのものは法線ベクトルがすべて$(0, 0, 1)$を向いていると考えることができます。そこで、綿を詰めてぷくっと膨らんだ布の断面を考えてみると、図2-12(c)のような法線ベクトルを考えることができます。ストロークで囲まれた領域内のピクセルに対して、ストロークまでの距離が近づくにつれて法線ベクトルが傾いていくように計算します。

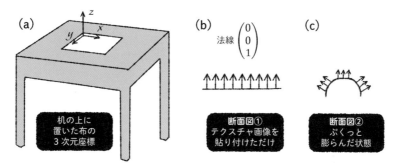

図2-12　疑似的な法線ベクトルを考える

　3次元的な高さは、以下のような式で表現しています。

$$h(d) = \begin{cases} \sqrt{r^2 - (r-d)^2} & (d < r) \\ r & (d \geq r) \end{cases}$$

　ピクセル$v\,(x, y)$に対する法線ベクトルnを、この$h(d)$上の法線ベクトルとして計算します（図2-13）。ここで、dとはストロークまでの距離を表しています。rは調整用の固定のパラメータで、実験の結果、$r = 30$としています。システムではその後、法線ベクトルにスムージングを適用して、隣り合うピクセルの法線ベクトルがなだらかになるようにしています。

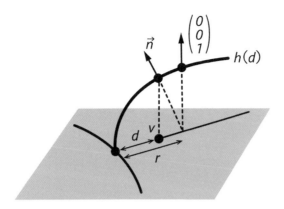

図2-13 3次元的な高さとそれに対する疑似的な法線の計算

　きちんと計算ができているか確かめるには、**法線マップ（ノーマルマップ）**が便利です。法線マップとは、法線情報を色情報として書き込んだテクスチャ画像のことです。テクスチャは、それぞれのピクセルに対して、赤・緑・青の色情報（RGB：Red, Green, Blue）について0〜1の値を持っています。一方、法線ベクトルは正規化された3次元ベクトルなので、XYZそれぞれについて−1〜1の値を持っています。そこで、法線情報をテクスチャに書き込むために、−1〜1の値を0〜1に変換します。つまり、法線ベクトルに0.5をかけて0.5を足したものを、テクスチャに法線情報として格納します。これが法線マップです。

　図2-14は2種類の法線マップを比較したものです。図2-14(a)は法線が$(0, 0, 1)$で、すべてZ軸と平行なベクトルなので、R=0.5, G=0.5, B=1.0の濃淡のない一色に塗られていることがわかります。一方で、図2-14(b)はストロークに近づくにつれて法線ベクトルが傾いているので、色が変化していることがわかります[4]。慣れてくると、法線マップを見るだけでどのような凹凸があるのか理解できるようになります。

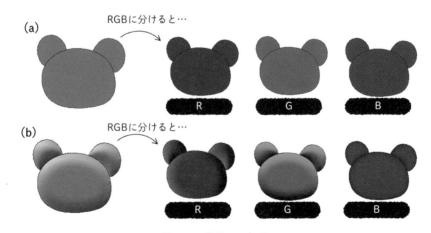

図2-14 法線マップの違い

---

[4] 本ページは白黒刷りのため、R,G,B成分を分解した情報もあわせて掲載しています。通常はRGBをxyzに対応させたカラー画像として格納（および、必要があればユーザに提示）します。

2-5-2 各ピクセルの色を決定する

このようにして、各ピクセルについて疑似的な法線ベクトルを計算したあとに、各ピクセルの色を決定して表示しています。この色は法線ベクトルだけでなく、光源による陰影もシミュレーションされています。

まず、太陽光が図2-15のように平行光線として降り注ぐと考えたときに、そのベクトル（向き）を定義します。今は、ベクトルを$(x, y, z) = (-10, 10, 20)$方向から来たとして固定で考えてみましょう。これを単位ベクトルにしておきます。これに対して、各ピクセルの疑似的な法線ベクトルと太陽光ベクトルの内積を考えます。3次元ベクトル同士の内積の結果はスカラ値になります。これが影の濃さ（intensity）になります。単位ベクトル同士の内積の結果である**スカラ値**[5]は、-1〜1[6]になるので、2で割って、0.5を加えることで、0〜1に補正します。この値を黒（0）から白（255）までのグレースケール画像として出力したものが、図2-16(b)になります。これのソースコードをリスト2-5に示してあります。

テクスチャ画像からとってきたピクセルに、求めた影の濃さの割合を**乗算**した結果の色を新しいピクセルの色としてセットすることで、図2-16(c)のような画像を得ることができます。システムは、ユーザがストロークを描いたり、変形させたりするごとに、この計算を繰り返します。それによって、2次元なのに疑似的にぷくっとふくらんだような3次元的な表現をリアルタイムで表示できるようになります。

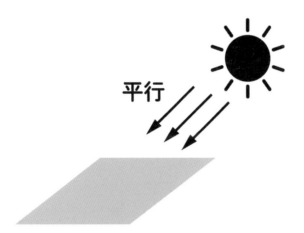

図2-15　太陽光ベクトルとして平行ベクトルを考える

----

[5] ベクトルや行列でない、単一の値のこと。
[6] パッチワークでは-1〜0は裏向きということになり、現れません。

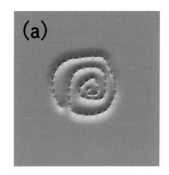 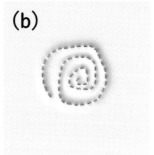 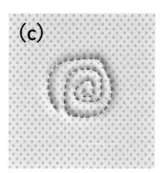

図2-16　陰影描画のアルゴリズム

リスト2-5　疑似法線ベクトルから各ピクセルの色の計算

太陽光の単位ベクトルLightVecを定義

float intensity ← LightVecと法線ベクトルの内積

float scale ← intensity / 2 + 0.5;　　　　　0<=scale<=1に補正

新しい色　new_color ← もとの色のRGB成分にそれぞれscale倍した色

Chapter 3
あみぐるみ×形状表現

3-1 あみぐるみのつくりかた

　「あみぐるみ」とは、毛糸とかぎ針を使って作るぬいぐるみです。あみぐるみは毛糸を筒状に編んでいき、綿を詰めることでできあがります。かぎ針1本で手軽にできるように見えますが、できあがりの立体形状を想像しながら編み図をデザインすることは難しいことです。市販されている「編み図」の書籍や製作キットは、編み物に長けた人やあみぐるみ愛好家が、実際に毛糸を編んだりほどいたりした試行錯誤の経験によってデザインされています。そして一般の人は、そういった編み図を利用しています。

　編み図とは、編み物を製作する上で、どのような編みかたで何目編むかを記号で表現したパターンのことです（図3-1）。編み目記号は、編み目の状態を表す記号として、日本工業規格（Japan Industry Standard: JIS）で決められています。編み目の種類は図3-2のような記号で表され、おおよそ100種類存在します[1]。

　あみぐるみは日本に伝わる代表的な文化の1つですが、現代では全世界で見受けることができるようになりました。日本ではこのような記号を使って編み図で伝承していますが、他国では図や記号での表記はあまり見受けられず、文章のみで編みかたを解説するのが一般的だったという違いがあります。最近では、他国でも図を導入して表現するようになってきたものの、記号は国によってそれぞれ異なっています。

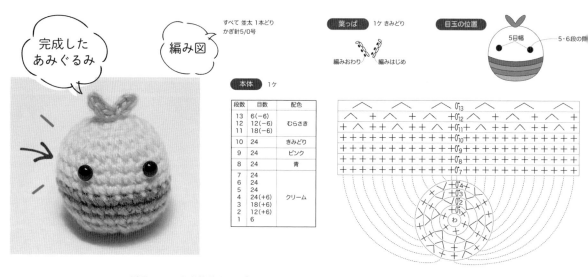

引用：ヤマハ発動機株式会社「初心者でも失敗しないあみぐるみの作り方」
https://global.yamaha-motor.com/jp/showroom/handicraft/amigurumi/lesson/

図3-1　あみぐるみと対応する編み図

---

[1] 編み目記号は、JIS L0201「編目記号」で定められています。

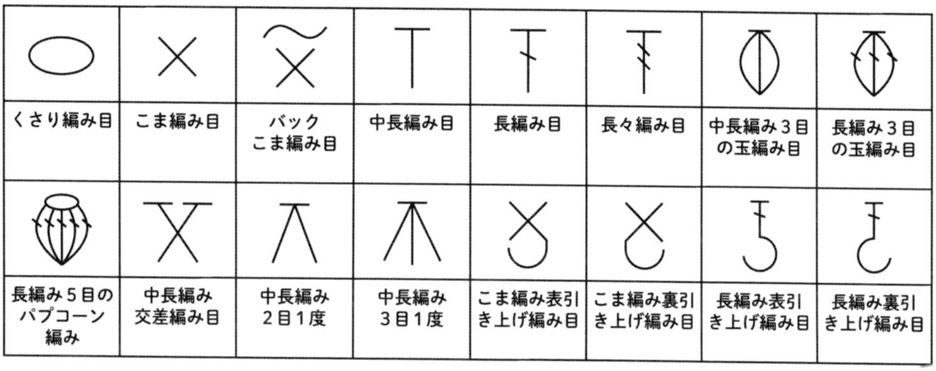

くさり編み目	こま編み目	バック こま編み目	中長編み目	長編み目	長々編み目	中長編み3目 の玉編み目	長編み3目 の玉編み目
長編み5目の パプコーン 編み	中長編み 交差編み目	中長編み 2目1度	中長編み 3目1度	こま編み表引 き上げ編み目	こま編み裏引 き上げ編み目	長編み表引 き上げ編み目	長編み裏引 き上げ編み目

図3-2 編み図に使用される編み目の記号の一部

3-1-1 一般的なつくりかた

　あみぐるみづくりで、とくによく使われる編み目は、普通目（こま編み）・増やし目・減らし目の3種類です。編みかたに関する詳しい説明は省きますが、まっすぐに編みたいときは普通目、傾斜を付けたいときは増やし目や減らし目を使います。

　増やし目は、1目を次の段で2目に増やします。減らし目は、2目を次の段で1目に減らします。こうすることで、円筒の半径を小さくしたり、大きくしたりすることができます。たとえば、あみぐるみの腕を作るときには、最初は6目ほどの小さな円から始めて、増やし目を使いながら半径を広げていきます。希望する腕の太さになったら普通目を使って筒状に編みます。希望する長さになったら、今度は減らし目を使いながら半径を縮めていき、最後に6目ほどで絞ります。増やし目や減らし目をどのくらいの頻度で入れるかなどによっても、できあがりの形状は異なります。基本的には円筒形に編んでいきながら、円周を広げたいときには増やし目を、狭めたいときには減らし目を入れていくことで表現していきます。

　それでは専門家のあみぐるみ設計士は、どのように編み図を製作するのでしょうか。手順について紹介しましょう。

1. 形状全体を、なるべく凸形状になるように分類します。あみぐるみの場合、動物や人形などの例が多いので、意味のあるまとまりごと（顔、耳、手、足、胴体など）に分割するとよいでしょう。
2. それぞれのパーツを編んでいきます。急に太くなる部分などは一気に増やし目をするか、別パーツとします。同様に、急に細くなる部分は一気に減らし目をするか、別パーツとします。
3. カーブしている部分は、片側に減らし目（増やし目）を多くするという方法もありますが、多くの場合は、綿を詰める際に内部に針金を入れることで表現します。

4. 凹みは綿を詰めたあと、毛糸で反対側からひっぱることで表現します。

5. 編みながらメモを取り、編み図に再現します。納得のいくものができたら終了です。試作ではだいたい10体ほど作成します。

このほかに、作りたい形状に似たほかの編み図を用いることが定石になっています。また、かぎ針に使用する糸は、レース糸・サマーヤーン・中細から極太までの毛糸など、さまざまです。太い毛糸を使えば、できあがる作品も大きくなります。また、かぎ針の太さも2/0号から10/0号まであり、数字が大きくなるにしたがって太くなります。

編んでからほどいて、また編んでを繰り返しながら、実際の思い描いている輪郭になるように作り上げていきます。

3-1-2 コンピュータを用いたつくりかた

さて、このようなデザインをあみぐるみの初心者がやろうとすると、とても大変です。コンピュータで簡単にデザインできないだろうか、そんな想いから、あみぐるみデザインシステムを構築しました。

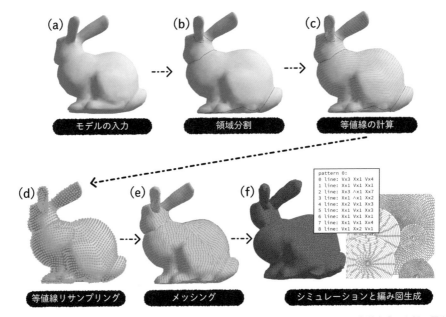

図3-3　あみぐるみデザインシステムのようす。3次元モデルを入力としてシステムで自動生成した編み図をもとにシミュレーションを適用することで、あみぐるみ完成予想モデルをユーザに提示する。ユーザは生成された編み図を編むことで実世界にあみぐるみを作成できる。

図3-3にあるように、3次元モデルを入力すると編み図を生成するシステムを紹介します。まず、3次元モデルを、なるべく凸形状となるように分割します（同図(b)）。そして、それぞれの領域に対して、等幅の**ストリップ**と呼ばれる面を巻き付けていきます（同図(c)）。得られたストリップを等幅でさらにサンプリングすると、同図(d)のようになります。これをもとに、同図(e)のように**メッシュ**（mesh）を生成し、同図(f)のように編み図を生成して、それを編んだ3次元形状を**シミュレーション**します。編み図は通常用いられているフォーマットで出力するので、誰でも簡単に編み図からあみぐるみを作成することができるようになります。

　図3-4は、3次元モデルを入力して変換した編み図から作ったあみぐるみです。CGの分野で有名な、スタンフォードバニーやティーポットなどのモデルからあみぐるみを作ることができます。

図3-4　3次元モデルからあみぐるみを作った例

　あみぐるみにしたい3次元モデルがない場合には、自分でデザインすることも考えられます。既存の3次元モデリングソフトを使って用意をしてもよいですが、あみぐるみになるという制約をコンピュータで解きながらデザインできるシステムのほうが、あみぐるみにより適した3次元モデルを作ることができます。

　あみぐるみモデリングシステム「**Knitty**（ニッティー）」では、図3-5のように、ユーザはマウスやペンタブレットなどを使ってキャンバスにあみぐるみの概形を描きます。すると、システムは入力されたストロークをもとに自動で編み図を計算し、その編み図をもとに編み上げた3次元形状を物理シミュレーション結果として提示します。生成された編み図を使って、実世界にあみぐるみを作ることができます。

図3-5　Knitty を用いたあみぐるみ製作手順

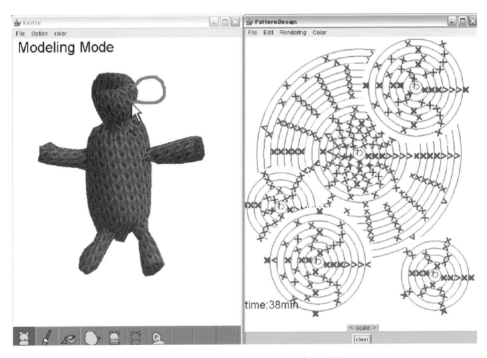

図3-6　Knitty システムでのデザイン中のようす

　このシステムはあみぐるみの初心者を対象としているため、使用する編み目の種類も普通目、増やし目、減らし目の3種類のみとしました。図3-7のように、編み図の上で右クリックをすると、編みかたをイラストで提示します。これを見ながら、実際に編んでいきます。図3-8は、このシステムで設計・製作したあみぐるみの例です。

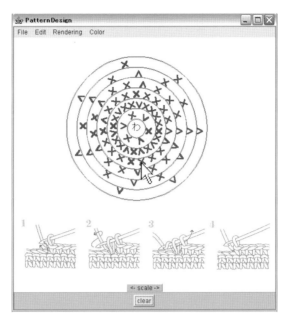

図3-7　編み目の上で右クリックすると、その目の編みかたを提示する

図3-8　Knittyを用いて製作したあみぐるみたち

やりたいこと：あみぐるみモデルをコンピュータで作成して対応する編み図を得る

制 約 条 件 ：毛糸で編める形状の3次元モデルを製作する

この章で学べること： 3次元CG 表現形式・モデリング・座標変換・テクスチャ

3-2 あみぐるみと3つのモデリング体系

さて、**3次元モデル**を編み図に変換したり、3次元モデルであみぐるみモデルを作ったりするシステムについて説明しましたが、そもそも3次元モデルとはなんでしょうか。

コンピュータの内部に多面体の形状を表現するためには、稜線情報を記述する**ワイヤーフレームモデル**、面情報を記述する**サーフェスモデル**、立体の内外を区別する情報を記述する**ソリッドモデル**があります。まずはこれらのモデルについて見ていきましょう。

3-2-1 ワイヤーフレームモデル

ワイヤーフレームモデルでは、図3-9のように、頂点と辺を記録することで立体を表現します。頂点同士の接続関係を簡単に表現できますし、データへのアクセスも高速で行えます。立体の移動や表示などをリアルタイムで行う処理などに向いています。

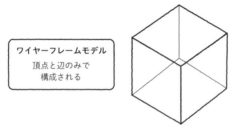

図3-9　ワイヤーフレームモデル

一方で、どこに面があるか、どこが立体の内部なのかといった情報は保持していません。そのため、面の情報や包含関係を知りたいときや、立体同士の衝突判定行うときなどには向いていません。また、図3-10のように、立体を一意に表現できないという問題もあります。

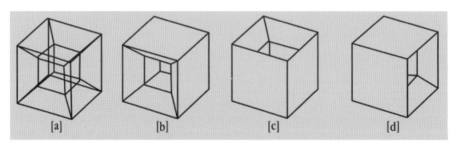

図3-10　解釈が一意に決まらないワイヤーフレームモデルの例
（島谷浩志・千代倉弘明 編著『3次元CADの基礎と応用』（共立出版、1991年）より引用）

3-2-2　サーフェスモデル

　サーフェスモデルは、ワイヤーフレームに面情報を加えたものです。どこが物体の内部であるか、という情報は明示的には持っていません。内部は空洞です。

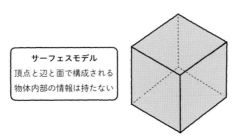

図3-11　サーフェスモデル

　一般的によく用いられるのは、このサーフェスモデルです。頂点・辺・面から成り、形状を表現していきます。Knittyでも、基本的にはサーフェスモデルを使って表示しています。
　面には、テクスチャ情報として写真や画像を貼り付けることができます。このとき、3次元座標の頂点(x, y, z)に対して、画像の2次元座標の頂点(u, v)を対応させてデータとして持たせることで表現します。

3-2-3　ソリッドモデル

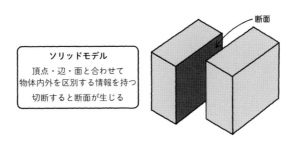

図3-12　ソリッドモデル

　ソリッドモデルとはサーフェスモデルに加えて、物体の内外を区別する情報を持つモデルです。中身の詰まった物を表現できるモデルで、切ると断面が生じます。和・差・積などのブーリアン演算(コラム1参照)をすることができます。

3-3 あみぐるみの形を知る──頂点・辺・面

　3次元モデルは、**頂点**と、頂点と頂点をつないだ**辺**、そして辺で囲まれた**面**から構成されます。また、面のことを**ポリゴン**とも呼びます。面（ポリゴン）とは、それら複数の頂点が連なった列で記述される多角形のことを指します（図3-13）。

　3次元図形の形状を数値的に記述することを、**モデリング**と言います。モデリングソフト（**Chapter 8**で紹介するMetasequoiaなど）のファイルをテキストエディタ（メモ帳など）で開くと、図3-14のように、頂点vの記号のあとに、x座標、y座標、z座標が書かれているのを見ることができます。

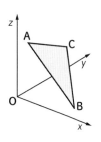

頂点の座標
A(1, 1, 3)
B(5, 1, 1)
C(3, 3, 3)

頂点の列
A-B-C

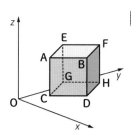

頂点の座標
A(1, 1, 3)
B(3, 1, 1)
C(1, 1, 1)
D(3, 1, 1)
E(1, 3, 3)
F(3, 3, 3)
G(1, 3, 1)
H(3, 3, 1)

頂点の列
A-C-D-B
B-D-H-F
F-H-G-E
E-G-C-A
E-A-B-F
G-H-D-C

図3-13　頂点とポリゴンの例

頂点データ
v　x座標 y座標 z座標

ポリゴンデータ
f　構成する頂点列

図3-14　3次元モデルは頂点座標とポリゴンを構成する頂点列でできている

　ポリゴンは通常、三角形ポリゴンが使われます。図3-15のように、3次元空間内に頂点が1つあっても、その頂点を通るような平面は一意に定義できません。頂点が2つの場合にも、それらの頂点を通るような平面は、その2頂点を通るような直線を含む面すべてとなってし

まい、一意に定まりません。3つの頂点を通るとしたときに、3次元空間内に1つの面を定義することができます。

　なお、通常は三角形ポリゴンが使われますが、「洋服をモデリングしたい場合、縦糸・横糸のシミュレーションを行いやすくするために四角形ポリゴンを使う」など、目的によって最適なものが適宜選択されています。

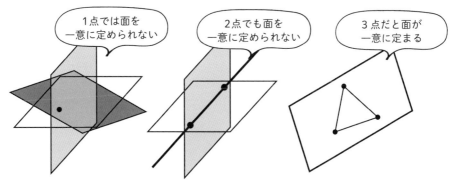

図3-15　3次元空間内にある3つの頂点を通るような平面は一意に決まる

 ## 3-4　あみぐるみの形をつくる──3次元形状の表現

3-4-1　基本図形の組み合わせでつくる

　あみぐるみの形を作るには、いくつかの方法があります。最初に紹介するのは、図3-16のように、プリミティブと呼ばれる基本立体を組み合わせ、それを基準として3次元モデルを製作する方法です。サーフェスモデルでは、頂点と頂点をつないで辺を作成し、辺を3辺選んで三角形の面を生成したり、重なりのある面を削除したりしていきます。

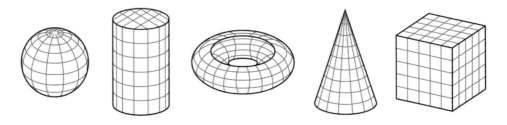

図3-16　プリミティブを組み合わせてモデルを作る

ソリッドモデルでは、ソリッドモデルのプリミティブの立体を集合演算として組み合わせて、立体を構築していく方法があります。これを**CSG**（**Constructive Solid Geometry**）と呼びます。図3-17のように、基本プリミティブを、和・差・積などの演算を使って組み合わせていくことで、図3-18のような3次元モデルを構築していきます。

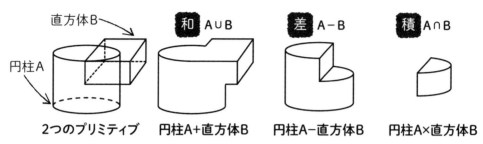

図3-17　集合演算。和、差、積などを演算として定義する。

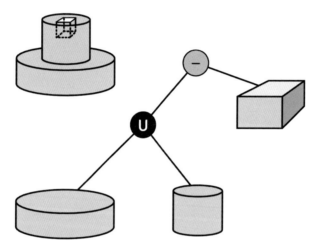

図3-18　集合演算を使ったモデリングの例

　実際にソフトウェアを用いてモデリングする方法は、**Chapter 8**でフリーの3次元CGソフト「**Blender**」を用いて説明します。この章では、3次元モデルのしくみや概要を理解していきましょう。

3-4-2　スイープ形状でつくる

　スイープ表現（Swept Volume, 掃引体）は、立体の断面を表す2次元図形が、定められた軌道に沿って移動したときの軌跡として、3次元形状を表現する方法です。図3-19のように、

平行移動でのスイープや回転移動でのスイープで形状をデザインすることができます。また、図3-20のように、軌道における任意の位置でそれぞれ異なる形状の断面を指定して表現するロフト（loft：屋根裏の骨をつないだ形状の意味）もあります。

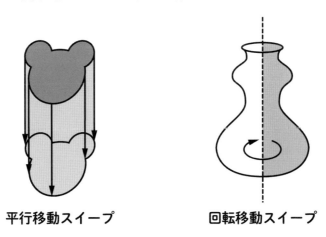

平行移動スイープ　　　　**回転移動スイープ**

図3-19　スイープ形状による立体の生成

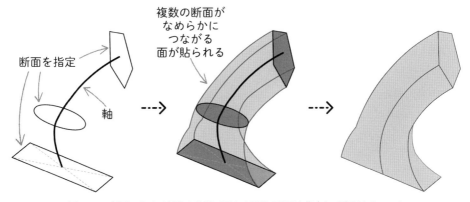

図3-20　軌道における任意の位置で異なる形状の断面を指定して表現するロフト

3-4-3　あみぐるみ形状モデルのつくりかた

　あみぐるみデザインシステム「Knitty」では、ユーザの描いた2次元のストロークから、図3-21のような順序で3次元のあみぐるみモデルを構築しています。まず、ユーザの描いたストロークから中心線を抽出[2]して、中心線を構成する頂点から垂直方向に外形までの距離を求め、これを半径として面を生成します。それぞれの段で何目編むかを外周の長さに応じて算出し、それに合った編み目数で編み図を自動生成することができます。

⋯⋯⋯

[2]　中心線を抽出するアルゴリズムは、本項後半にあるコラム4にて解説します。

Knittyで指定される編み目は、普通目・増やし目・減らし目の3種類だけですが、カーブしたものを作成したいとき、この3種のみでの作成は困難です。そのため、図3-22のように編み終わったあと綿を入れて閉じる前に、内部に針金を入れて曲げることで、曲げた形状を表現するなど工夫が必要です。

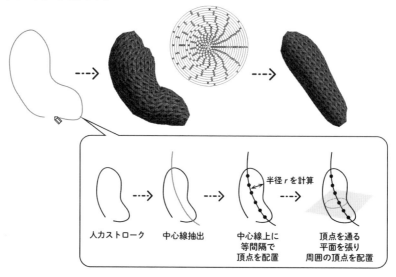

図3-21　Knittyシステムでの3次元モデルの新規生成

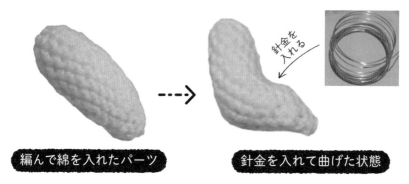

図3-22　図3-21で生成した編み図を実際に編んで針金を入れた例

　モデルを作ったあと、図3-23のように突起を付けていくことができます。図3-24のように、ユーザの描いたストロークの始点と終点が、すでにあるモデルの上にのっていたら、突起生成と判断して突起のためのスイープ形状を生成します。

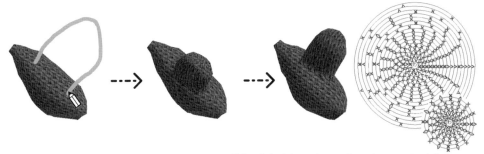

図3-23　突起生成の場合には、ストロークの始点と終点がすでにあるモデルの上にのっていたら、
突起生成と判断して突起のためのスイープ形状を生成する

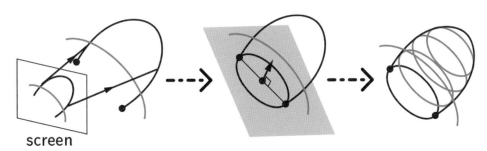

screen

図3-24　突起生成アルゴリズム

　図3-25のように、外周の頂点列が定義できたあと、それをつなぐ辺と面（ポリゴン）を生成する必要があります。編み目の種類は3種類のみ、という制約があるので、図3-26のような3通りのいずれかで接続する必要があります。

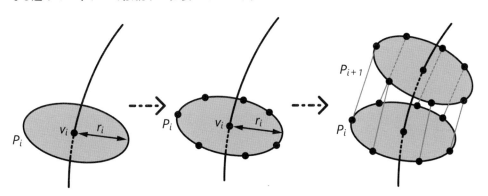

図3-25　平面P_i上の頂点列と平面P_{i+1}との接続関係

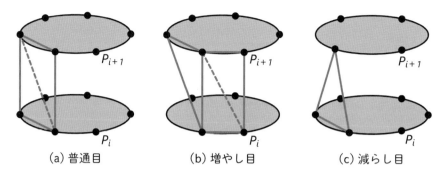

(a) 普通目　　　　　　(b) 増やし目　　　　　　(c) 減らし目

図3-26　平面P_iとP_{i+1}上の頂点を結ぶつなぎかた。破線は仮想エッジ。

　そこで、図3-27(a)のように、それぞれの外周をサンプリングします。ここで平面P_iと平面P_{i+1}の距離と同じ距離をサンプリングの間隔の距離として使っています。次に、前後の外周の頂点をつないでメッシュを生成していきます。外周のメッシュは、以下のようにしてつないでいます。

1. ターゲットとなる外周上の頂点から、次の外周上の頂点列のなかで一番近い頂点とエッジを結びます（図3-27(b)）。
2. 次の外周上の頂点から、前の外周上の頂点列のなかで一番近い頂点とエッジを結びます（図3-27(c)）。
3. これらの和をとることで隣り合う頂点同士のエッジを生成し、メッシュを構築します（図3-27(d)）。

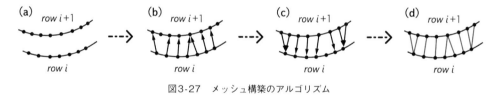

図3-27　メッシュ構築のアルゴリズム

　動物の耳や鳥の羽のように厚みの少ない部分では、図3-28のように平らなパーツを使うことができます。「Flatモード」をONにした状態でユーザがストロークを入力すると、入力された輪郭形状に対して、それを外形とする平らなパーツが生成できます。ユーザの描いたストロークに対して、中心線を計算して中心線から外形までの距離に応じた平面を生成します。これに合わせた編み図も自動生成することで、実際に編むことができます。

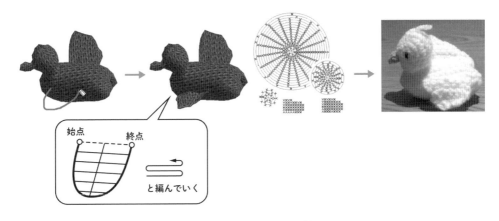

図3-28　平らなパーツの例

既存の3次元モデルのあみぐるみモデルへの変換には、以下のアプローチを行っています。

1. 入力した3次元モデルの表面を、それぞれの領域に分割する
2. 分割した領域のうちの1つに注目する
3. 表面を等間隔の線で包む

　たとえば、図3-29のようなくまの3次元モデルがあったときに、なるべく**凸包**（凸の形状）に分割するよう領域を分け、耳・胴体・腕などの各領域に切断します。切断されたところは各領域の境界線になります。次に各領域に編み目を生成するために、等間隔に分割していきます。初期境界線を選び、そこから距離場の計算を繰り返すことで、複数の等間隔の線（ここでは**等値線**と呼びます）を抽出しています。たとえば耳のパーツのように、1つの領域に対して境界線が1つであれば、その境界線を初期境界線としています（図3-29上段）。一方、境界線が複数ある場合は、最長の境界線を初期境界線として選択し、そのほかの境界線は**ホールフィリング**（穴埋め）を行って境界線に囲まれた穴を埋めてしまいます（図3-29下段）。ホールフィリングには「穴の中央に頂点を生成し、穴の境界上の頂点と結んで面を貼る」という、簡単な手法を利用しています。

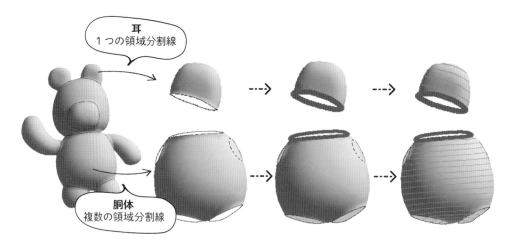

図3-29　初期境界線の見つけかた。領域が1つの領域分割線を持っていたら、
その線を初期境界線とする（上段）。領域が複数の領域分割線を持っていたら、一番長い領域分割線を
初期境界線とし、ほかの領域分割線をホールフィリングする（下段）。

　初期境界線を決定したら、それを最初の等値線として、そこから順に等値線を次々に
計算しています。システムは、まず等値線からの3次元モデル上を**ユークリッド距離**[3]
を使って距離場を計算し（図3-30(b)）、求めたい幅（rとする）の値をトレースする（図
3-30(c)）ことで、次の等値線を計算することができます（図3-30(d)）。それぞれの頂
点に距離を保持したあとは、求めたい幅rになる点を抽出してトレースします。シス
テムは領域内に新たな等値線が定義できなくなるまで、この計算を繰り返していきます。

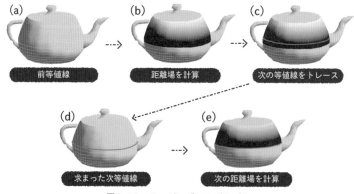

図3-30　ラッピングアルゴリズム

　なお、途中で等値線が枝分かれする場合などの細かい処理に興味のある方は、p.6
に記載している論文（あみぐるみの1つめのもの）を参照してください。

[3] ユークリッド距離とは、人が定規で測るような2点間の最短距離のことです。

3-5 あみぐるみの見た目をつくる──テクスチャ表示

　3次元モデルのポリゴンには、**テクスチャ画像**を貼り付けることができます。図3-31のように、モデルの各頂点$v(x, y, z)$に対してテクスチャ画像のUV座標(u, v)を指定することで、3次元モデルに適切な画像を貼り付けることができます。Processingで書くと、リスト3-1のようなソースコードになります。図3-32のように、幾何学的には同じ「球」であったとしても、貼り付けるテクスチャ画像によって異なる物体を表現できます。こちらは、Processingで書くと、リスト3-2のようなソースコードになります。

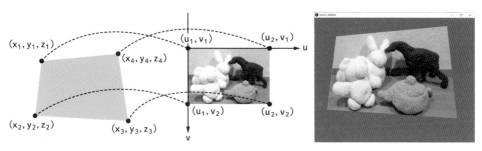

図3-31　3次元モデルの各頂点に対応するテクスチャ画像のUV座標を指定することで
3次元モデルに適切な画像を貼り付けることができる

リスト3-1　テクスチャを平面に貼り付ける `Processing`

```
PImage img;
void setup() {
  size(800, 600, P3D);
  img = loadImage("knit.jpg"); // 600x400の画像
  noStroke();
}

void draw() {
  background(100);
  beginShape();
    texture(img);
    vertex(  50,  50, -100,   0,   0); // (x1, y1, z1, u1, v1)
    vertex(  50, 450,  -20,   0, 400); // (x2, y2, z2, u1, v2)
    vertex( 650, 450,  100, 600, 400); // (x3, y3, z3, u2, v2)
    vertex( 650,  50,   20, 600,   0); // (x4, y4, z4, u2, v1)
  endShape();
}
```

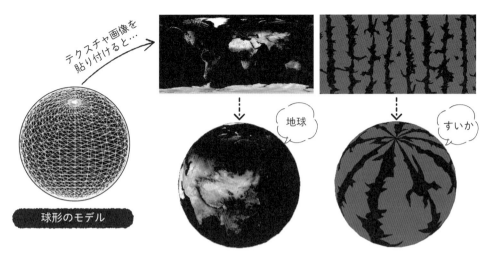

・テクスチャ画像（地球）：NASA earth observatory "BLUE MARBLE",
　　　　　　　　　 https://earthobservatory.nasa.gov/features/BlueMarble/BlueMarble_2002.php
・テクスチャ画像（スイカ）：graphon " スイカ柄－フルーツシリーズ ", http://www.graphon.jp/main/photo/20368

図3-32　球にさまざまな画像をマッピングすることで、よりリアルに見せることができる

リスト3-2　テクスチャを球に貼り付ける Processing

```
PImage img;
PShape sphere;
void setup() {
  size(400, 400, P3D);
  smooth();
  //テクスチャ
  img = loadImage("worldmap.jpg");//地球の画像
  sphere = createShape(SPHERE, 150);
}


void draw() {
  background(0);
  drawSphere(width/2, height/2, 0, img);
 }


//描画


void drawSphere(int x, int y, int z, PImage image) {
```

```
  pushMatrix();
    translate(x, y, z);                    //位置
    sphere.setStrokeWeight(0); //線なし
    sphere.setTexture(image);    //テクスチャ
    rotateX(map(mouseY, 0, width, -PI, PI));
    rotateY(map(mouseX, 0, width, -PI, PI));
    shape(sphere); //球体描画
  popMatrix();
}
```

pushMatrix(); popMatrix()で挟んで、マウス入力(mouseX, mouseY)をX軸回転、Y軸回転に利用することで、マウスを動かすと球が回転するので、球の全体にテクスチャが貼りついているようすを見ることができます。

pushMatrix(); と popMatrix()で挟んでいるのは、このあとの描画に座標変換を影響させないためです。

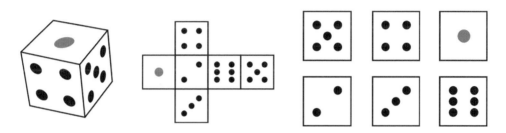

図3-33　サイコロのテクスチャの貼り付けかた

　図3-33のようなサイコロをテクスチャ画像付きで表現したいときには、展開図のような6面分つながった画像を用意して、対応する頂点座標を指定する方法があります。ほかにも、右のように複数の画像ファイルを用意して、それぞれのUV座標を指定する方法もあります。

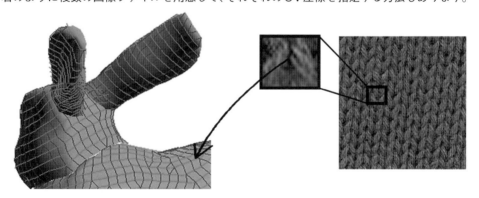

図3-34　毛糸の1目をテクスチャにして編み目を再現

図3-35　テクスチャ表示の切り替えによる色塗りの例

　あみぐるみの3次元モデルでは、図3-34のような毛糸を編んだ画像の1目をテクスチャとして切り出しておき、それぞれのメッシュに貼り付けることで、編んだようすを表現しています。ペイントツールで色塗りをすると、その対応する色にテクスチャを変更することで、図3-35のような模様も表現できます。実際に編むときには、毛糸を対応する色の毛糸に変えて編み込んでいきます。

　また、面を貼らないことで、ワイヤーフレーム表現として表示することもできます。Knittyには、設計後の製作を支援する過程で、何段目まで編み終わったかをわかりやすく表示するために、ワイヤーフレーム表現を使っています。編み終わったところをテクスチャ表現で表し、まだ編んでいない段をワイヤーフレームで表現しているため、どこまで編んだかをユーザにわかりやすく提示できます（図3-36）。

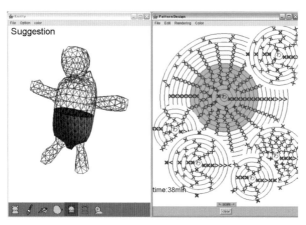

図3-36　製作支援インタフェースでのワイヤーフレーム表現とテクスチャ表現の組み合わせ

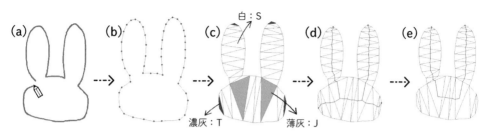

COLUMN 05　中心線抽出アルゴリズム

図3-37　中心線を1本求めるアルゴリズム

　p.64の図3-21で軽く触れましたが、ユーザの入力したストロークをもとに、どのように中心線を出しているか解説したいと思います。まず、図3-37(a)のように、ユーザが入力するのは、自己交差のないストロークであることを前提とします。入力したストロークの始点と終点をつなぐことで、図3-37(b)のような閉じた形状を作成します。ここで、**ドロネー（Delaunay）三角形分割**を用いて、この閉じた領域内を分割します。

　三角形分割では、平面上の点の集合Pに対して、すでに引いた線分と交差しない限り、Pの2点を結ぶ線分を引いていきます。このようにしてできた図形が三角形分割です。四角形があれば、もう1本線分を引くことで三角形ができるので、できあがった図形は必ず三角形だけで構成されることになります。これは図3-38のように何通りも三角形分割を考えることができるのですが、そのなかで最小の内角を最大にするような三角形分割のことをドロネー三角形分割と呼びます。

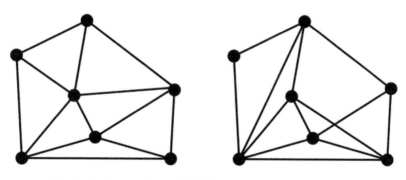

図3-38　点の集合Pに対して三角形分割はいくつも考えることができる

　さて、このようにして得られたドロネー三角形分割の結果を、図3-37(c)のように、2本のエッジが外周にある三角形（terminal triangle）、1本のエッジが外周にある

三角形（sleeve triangle）、エッジすべてが外周にない三角形（junction triangle）の3つに分類します[4]。次に、内部にあるエッジの中点を結び**chordal axis**を抽出する[5]と、図3-37(d)のようになります。あみぐるみでは中心軸を1本にしなくてはならないので、terminal triangle から terminal triangleへのパスをそれぞれ総当たりで調べて、一番長いパスを中心軸として抽出することで、図3-37(e)のような中心線を得ることができます。ただし、中心線が分岐するような形状を描いたときには、期待するものと異なる3次元形状が構築されます。そのような形状をデザインしたいときには、突起生成などを利用してパーツを追加して作ることとなります。

 ## 3-6 あみぐるみを操作する

3-6-1 右手系と左手系

3次元では、2次元座標系と同様、x, y, zの3軸による直交座標系を定義します。点の位置は(x, y, z)の値を使って一意に表すことができます。**3次元直交座標系**は、x軸、y軸に対して、z軸がどの向きに定義されているかによって、**右手系**と**左手系**の2種類に分けられます。図3-39のように、自分で親指をx軸の正の方向、人差し指をy軸の正の方向としたときに、中指がz軸の正の方向です。右手でやったときの座標系が右手系、左手でやったときの座標系が左手系です。

どちらを使うかは、ライブラリやモデリングソフトによって異なります。たとえば、左手系はProcessingやDirectX、LightWaveなどに使われています。右手系はOpenGLやMaya、Shade、Metasequoiaなどに使われています。CGの教科書では右手系で図が描かれていることが多いです。これらは表示上の問題であって、計算上の違いはありません。回転の正の方向が、右手系では右ねじの方向、左手系では左ねじの方向になるといった違いがあります。また、ポリゴンの表方向を決める頂点順が右手系では反時計回り、左手系では時計回りとなります。

---

[4] T. Igarashi, S. Matsuoka, and H. Tanaka. "Teddy:A sketching interface for 3d freeform design", ACM SIGGRAPH, pp.409-16,1999.
[5] L. Prasad. "Morphological analysis of shapes", CNLS Newsletter, vol. 139, pp.1-18, 1997.

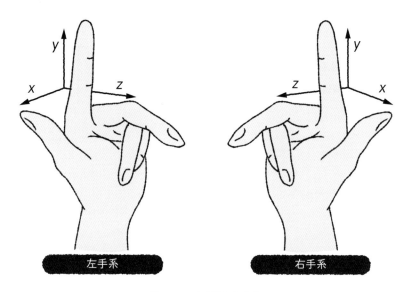

図3-39 右手系と左手系

3-6-2 3次元モデルの平行移動、拡大・縮小、回転移動

　3次元モデルを移動させるときにも、2次元の場合と同様に、平行移動(図3-40)、拡大・縮小(図3-41)、回転移動(図3-42)などの変換、およびそれらの合成変換を行列で同一の表記で表すために、同次座標を用います。2次元については、1.3節を参照してください。

$$x, y, z \text{各軸方向に} \quad \begin{bmatrix} x' \\ y' \\ z' \\ 1 \end{bmatrix} = \begin{bmatrix} 1 & 0 & 0 & t_x \\ 0 & 1 & 0 & t_y \\ 0 & 0 & 1 & t_z \\ 0 & 0 & 0 & 1 \end{bmatrix} \begin{bmatrix} x \\ y \\ z \\ 1 \end{bmatrix}$$

t_x, t_y, t_z だけ移動

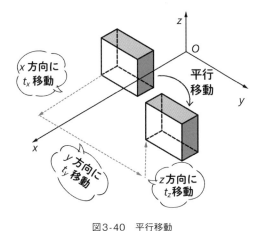

図3-40 平行移動

x, y, z各軸をそれぞれ
s_x, s_y, s_z倍にする

$$\begin{bmatrix} x' \\ y' \\ z' \\ 1 \end{bmatrix} = \begin{bmatrix} s_x & 0 & 0 & 0 \\ 0 & s_y & 0 & 0 \\ 0 & 0 & s_z & 0 \\ 0 & 0 & 0 & 1 \end{bmatrix} \begin{bmatrix} x \\ y \\ z \\ 1 \end{bmatrix}$$

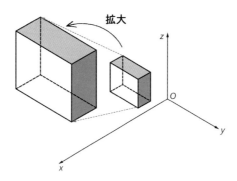

図3-41　拡大・縮小

x軸回りの回転

$$\begin{bmatrix} 1 & 0 & 0 & 0 \\ 0 & \cos\theta & -\sin\theta & 0 \\ 0 & \sin\theta & \cos\theta & 0 \\ 0 & 0 & 0 & 1 \end{bmatrix}$$

y軸回りの回転

$$\begin{bmatrix} \cos\theta & 0 & \sin\theta & 0 \\ 0 & 1 & 0 & 0 \\ -\sin\theta & 0 & \cos\theta & 0 \\ 0 & 0 & 0 & 1 \end{bmatrix}$$

z軸回りの回転

$$\begin{bmatrix} \cos\theta & -\sin\theta & 0 & 0 \\ \sin\theta & \cos\theta & 0 & 0 \\ 0 & 0 & 1 & 0 \\ 0 & 0 & 0 & 1 \end{bmatrix}$$

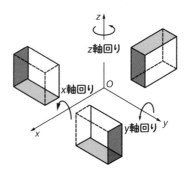

図3-42　回転移動

これらの変換は、すべて**3次元アフィン変換**であり、その一般形は以下で表すことができます。

$$
\begin{bmatrix} x' \\ y' \\ z' \\ 1 \end{bmatrix} = \begin{bmatrix} a & b & c & d \\ e & f & g & h \\ i & j & k & l \\ 0 & 0 & 0 & 1 \end{bmatrix} \begin{bmatrix} x \\ y \\ z \\ 1 \end{bmatrix}
$$

COLUMN06 あみぐるみづくりのワークショップのようす

「Knitty」を使ったワークショップのようすを紹介します。図3-43は、日本科学未来館7階交流サロン友の会イベント「コンピュータを用いたあみぐるみ製作ワークショップ」（2007年9月22日開催）でのようすです。子どもたち（10才〜14才）とその親10組が参加し、インタラクティブにあみぐるみをデザインする「Knitty」を使って、オリジナルなあみぐるみづくりに挑戦しました。参加者は、まず午前中に30分モデリングの練習をしたのちに、30〜60分程度かけて自由にあみぐるみモデルのデザインを行いました。その後、午後に3時間ほどかけて実際にあみぐるみを編んだようすが、図3-45です。

ワークショップに参加した子どもたちはあみぐるみを初めて作る子どもたちばかりでしたが、「楽しかった」「わくわくした」といった言葉を多く聞きました。「世界に1つだけのあみぐるみができて嬉しい」「コンピュータをこうやって使うのは面白い」といった意見もありました。反対に、「使いこなすのが難しかった」といった声や「円や直線が描ける機能が欲しい」などの意見もあり、こういったワークショップを行うなどして、現場の生の声を聞くことがシステムをよくしていくことにつながっていくのです。

図3-43　ワークショップでのモデリング風景　　図3-44　ワークショップでのあみぐるみ製作風景

Chapter 4
ぬいぐるみ×物理演算

4-1 ぬいぐるみのつくりかた

4-1-1 一般的なつくりかた

　ぬいぐるみをデザインするためには、ぬいぐるみと対応する型紙をデザインしなければなりません。しかし、3次元形状であるぬいぐるみと、2次元形状である型紙との関係はわかりやすいものではありません。あみぐるみと同様、これは経験や知識が必要とされる作業です。多くの人々は専門家によって作られた型紙から裁縫を楽しんでいて、オリジナルなデザインを設計して製作できる人はごくわずかです。

図4-1　多くの人が手づくりで楽しんでいるのは、「製作キット」を使ったぬいぐるみづくり

　一般に、ぬいぐるみのための型紙づくりは、専門家が次のような試行錯誤をしながら手作業で行っています。

1. イラストレーターによって描かれたキャラクターなどの、さまざまな角度からの図をもらいます。
2. それぞれのパーツごとに、すでに型紙のあるぬいぐるみの、どのパーツが使えるかを吟味します。たとえば、このキャラクターの頭は以前作った牛の頭が使え、身体部分は熊の身体が使えそう、など。
3. 既存の型紙を用意し、それを変形させることで型紙をデザインしていきます。縫い目は凹んでいるところと飛び出ているところを基準にデザインします。
4. 試し縫いの布（シーチングと呼ばれる）を用いて、デザインした型紙を使って実際にぬいぐるみを作ります。
5. イラストレーターと打ち合わせをして「もう少し鼻を飛び出させるように」などの注文に従い、型紙をデザインし直します。
6. 3〜5の作業を、おおよそ10〜15回繰り返します。
7. 実際に使用する布で製作し、型紙の微調整を行います。シーチングよりも伸びやすい布の場合、型紙を少し小さくするなどの微調整が必要になります。
8. イラストレーターと再度打ち合わせをして、微調整を行います。
9. 7〜8の作業を、おおよそ2〜3回繰り返します。
10. 1体のぬいぐるみの型紙が完成し、その型紙を用いて大量生産を行います。

　このような過程を経て作られたぬいぐるみは、大量生産向けです。大量生産することで1体あたりの型紙製作のコストを抑えることが可能となります。個人のためのたった1体を作る場合は、このような過程を経ることはありません。生産量に応じて、打ち合わせの回数を減らし、試作品の回数を減らし、時間と人件費を削減していきます。

　縫いしろ[1]については、デザインや素材、縫製方法によって多少異なります。そのため、縫製順序に従って、できあがり状態を考えて付けていく必要があります。

4-1-2　コンピュータを用いたつくりかた

　コンピュータでぬいぐるみをデザインできるシステムを紹介します。

　1つめは、既存の3次元モデルを入力として、ユーザがモデルの表面形状に沿って縫い目を描くと、自動的に型紙を生成してくれるシステム「**Pillow**（ピロー）」です（図4.2）。入力される3次元モデルは、布で作ることを考慮していない形状であることがほとんどです。ユーザが描いた縫い目から、それぞれの領域ごとに平面展開したものを型紙とするだけでは、これらを縫い合わせたぬいぐるみは入力モデルの形状と大きく差ができてしまいます。

　そのためPillowでは、システムで自動生成された型紙を使って、縫い合わせて綿を詰めた

----

[1] 布と布を縫い合わせるときの、布の端と縫い目の間の部分のこと。ほつれの処理などを行います。

結果の形状を**シミュレーション**し、ユーザにリアルタイムで提示します。これによりユーザは、実際に作る前に、できあがりのぬいぐるみ形状を検証できるようになります。シミュレーション結果を見ながら、さらに細かく縫い目を入れてみたり、すでにある縫い目を消したりと、コンピュータ上で試行錯誤をすることができます。縫い合わせのシミュレーションをした結果に満足したら、表示されている型紙を印刷して縫えば、実際にぬいぐるみを作成することができます。

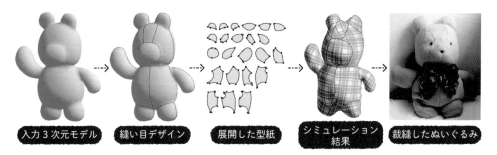

図4-2　Pillowを用いて既存モデルへ縫い目をデザインしてぬいぐるみを作成する

2つめのぬいぐるみデザインシステムは、マウスやペンタブレットなどで、インタラクティブにぬいぐるみをデザインしていくシステム「**Plushie**（プラッシー）」です。このシステムでは、ユーザは図4-3のように**スケッチインタフェース**を使って、モデルを作成したり、切断したり、パーツを追加したりします。システムは、ユーザが入力した輪郭線を使いながら「ぬいぐるみとして成り立つ」という物理的制約をもとに、ぬいぐるみの3次元モデルを生成します。同時に3次元モデルと対応する型紙も自動生成するため、ユーザが形状を変更するたびに型紙はリアルタイムに更新されます。

通常、3次元モデリングとシミュレーションは別々の過程で行われます。しかしPlushieでは、モデリングと並行してシミュレーションを行うことで、布の特性を活かした効率のよいモデリングを提案しています。また、ユーザの入力をそのまま型紙にしてしまうと、裁縫してできる形は一回り小さくなってしまいますが、Plushieではユーザのスケッチとシミュレーションされた3次元モデルの大きさが一致するような型紙を生成する工夫がされています。そのため、ユーザは物理的制約を気にすることなく、図4-3のようにモデルを切断したり突起を生成したりしながら、好きな形状をデザインすることができます。最後に、プリンタで印刷した型紙を使ってぬいぐるみを縫えば、自分だけのオリジナルなぬいぐるみを実際に作成することができます。

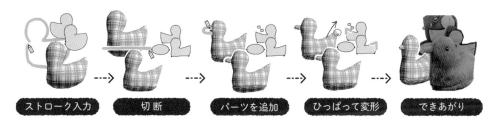

| ストローク入力 | 切 断 | パーツを追加 | ひっぱって変形 | できあがり |

図4-3　Plushieを用いたオリジナルなぬいぐるみデザイン

これらのシステムは、型紙への展開アルゴリズムと3次元モデルのシミュレーションともに、家庭などで広く使われている一般のノートPC上でリアルタイムに稼動することを目指して、アルゴリズムを検討・選定しています。

この章では、PillowやPlushieのしくみを通じて、3次元モデルの編集や平面展開、色や質感を表現するためのテクスチャマッピングやシミュレーションについて学んでいきましょう。

> やりたいこと： ぬいぐるみモデルをコンピュータで作成して対応する型紙を得る
> 制　約　条　件： 展開した際に歪みのないパーツの集合で3次元モデルを製作する
> この章で学べること： 物理演算① 平面展開・レンダリング・バネモデルによる演算

 ## 4-2　ぬいぐるみの形を編集する

4-2-1　新規モデルの生成

ぬいぐるみデザインシステムPlushieでは、ユーザが入力した2次元ストローク情報をもとに3次元のぬいぐるみモデルを生成していきます。ユーザがマウスで入力できるのは2次元座標なので、それをなんらかの形で3次元座標に変換する必要があります。

モデルの新規生成手順を見ていきましょう。まず、ユーザが描いたスケッチをそのまま2次元の型紙にします。マウスで入力した2次元座標 (x, y) を使って、3次元座標系のXY平面上に、座標 $(x, y, 0)$ としてストロークを配置して型紙を生成します。続けて、同じものを2枚縫い合わせるシミュレーションを行い、その結果を3次元モデルとします（図4-4）。

さて、さきほど触れたように、ユーザの入力をそのまま型紙とした場合、実際に縫い合わせて綿を詰めてみると、ユーザの入力より一回り小さくなってしまいます（図4-5左）。そこで、縫い合わせた結果がユーザの入力した線（黒の太い線）に一致するような型紙を得るために、以下のような補正を行います。

1. 2次元型紙の外周の頂点すべてに対して、少しだけ外側(法線ベクトル方向)に移動します。

2. 2次元型紙をスムージングします。

3. 1と2の計算結果として得られた型紙を使って、3次元シミュレーションを行います。

4. マウスで入力したストロークに対応する3次元上の頂点(図4-5の灰色の頂点)から、マウスで入力したストローク(図4-5の黒の太い線)までの距離を計算します。

5. まだ遠く離れていたら、1〜4を繰り返します。黒の太い線にほぼ一致していたら、計算を終了します。

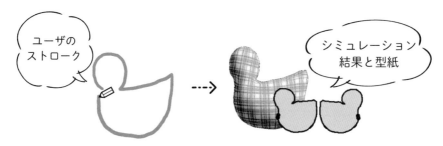

図4-4　モデルの新規生成ではユーザの描いたストロークを型紙にする

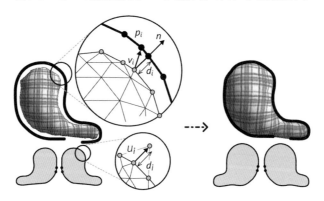

図4-5　ふくらませるシミュレーションをすると一回り小さくなるので外形を補正する

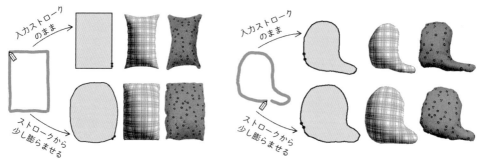

図4-6　入力ストロークをそのまま型紙として縫うと、上段のような一回り小さいぬいぐるみができる。
縫ったあとの形が入力したストロークに合うように、一回り大きい型紙を生成する。

図4-6上段は、ユーザの入力ストロークをそのまま型紙として使ったものです。一回り小さいですし、各辺が内側に凹んでいます。この各辺が内側に凹んでいる形状は、枕や座布団でよく見られます。

　枕や座布団は同じ形を大量生産するという目的とともに、「なるべく余り布が出ないようにする」「すばやく大量に同じ形を縫える」などの制約があることが想定されます。そのため、こういった形状が多くなるのでしょう。しかし、ぬいぐるみの場合には、縫ったあとの形がユーザの入力した赤い線と等しくなってほしいので、少し大きく、やや膨らんだ型紙が必要になります。

　2次元の型紙を使って綿を詰めたらどのような形になるか、というシミュレーションは、比較的簡単にできます。ところが、膨らんだあとに外形が合うような型紙を求める、というのは逆計算になるので、一度で求めることができません。そこで、少しずつ欲しい解に近づけていき、「これでどうかな？」「いやあともう少し」というように、コンピュータで繰り返し計算をすることで欲しい解を求めています。

4-2-2　スイープ面での切断

　図4-7のように、物体の外から始まり物体を横切ってから物体の外へ出るようなストロークを描くと、カットモードになります。ユーザがマウス入力するのは2次元座標で、ぬいぐるみモデルがあるのは3次元空間における3次元座標です。ユーザの入力したストロークとぬいぐるみモデルとの交点があるかどうかを判定するには、視点から物体方向への**視線ベクトル**を考えます。マウスの頂点座標をそのまま視線ベクトル方向へ延ばしたときに、物体を構成する面と交点を持つかどうかをチェックする必要があります（図4-8）。

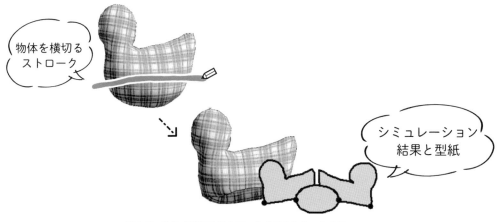

図4-7　物体を横切るストロークを描くとカットする

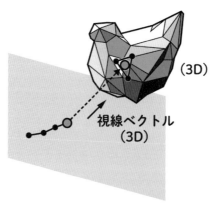

（3D）

視線ベクトル
（3D）

スクリーン座標

図4-8　スクリーン座標上のマウス座標を3次元モデル上のどの面に載っているかを判定

　このためには、面の数の分だけ、面と視線ベクトルを延ばした直線が交点を持つかどうかを計算しなければなりません。3次元座標で計算をするよりも2次元座標で計算したほうが計算量は少ないので、一度3次元モデル上の頂点をスクリーン座標に投影して、マウスで入力した頂点と2次元に投影した3次元モデル上の面が交点を持つかどうか、2次元のスクリーン座標のなかで計算させます。マウスで入力した頂点とモデル上の面が交点を持つとわかったら、3次元空間内でその面との距離を計算して、3次元空間上で一番手前の面を、交点を持つ面として選びます（リスト4-1）。

　2次元平面のなかで頂点 p が三角形の内部にあるかどうかを判定するには、外積を使って判定します。プログラムはリスト4-2に示します。今回は三角形が必ずしもこちらを向いているとは限らない（3次元モデルの向こう側の面であれば、投影したときに反対側を向いている面となる）ので、どちらを向いているかを、sign という変数で保持して、その値も使いながら外積で求めています。

リスト4-1　面リストを2次元スクリーン座標に投影してマウス入力の頂点がどの面に含まれているかを判定するアルゴリズム　擬似コード

```
面のリストfaces
// 1つの面faceを2次元平面に投影したものと、マウス入力の2次元頂点pが交点を持つかどうかをチェックする
double min ←最大値を入れておく      // 処理したなかで最短距離を入れておく変数
面closest ← nullで初期化しておく   // 処理したなかで一番近い面を入れておく変数
for(面のリストfacesを1つずつ処理する){
  if（面の向きがこちら側を向いている　かつ　頂点pが面のなかに含まれていたら){
```

```
    double d ← スクリーン座標からその面までの3次元的な距離
  if (d < min){
     min ← d;          // 最短距離を更新
     closest ← 今の面; // 一番近い面を更新
  }
 }
}
return closest; // 一番近い面を返す
```

交点を持つことがわかるので、3次元で距離を計算して、一番手前の面を選択する

リスト4-2　2次元座標系のなかで、面faceに点pがあるか否かを判定するアルゴリズム　**擬似コード**

```
面faceを構成する頂点列vertices[i] // 三角形メッシュなのでiは0,1,2
頂点 p // マウス入力した座標
int sign ← 面の法線が表を向いていたら1、裏を向いていたら-1
for(面の3つの頂点を順に){
  頂点start ← 頂点vertices[i]をスクリーン座標系に変換
  頂点end ← 頂点vertices[i+1] をスクリーン座標系に変換
  ベクトルvec0 ← 頂点startから頂点pへのベクトル
  ベクトルvec1 ← 頂点startから頂点endへのベクトル
  if (ベクトルvec0とvec1の外積×sign > 0) return false;²
}
return true;
```

i+1が3のときは0とする

　物体を横切っているとわかったら、そのストロークを使って奥行方向に**スイープ**した面で物体を切断します。スイープ面は展開可能な**可展面**（developable surface）となるので、そのまま2次元に展開して型紙として使用します（可展面については後述します）。すでにある型紙のなかでユーザが描いたストロークが横断されているものに関しては、型紙をそのストロークで切断します。モデルが切断された際に、捨てられる側にしか使用されない型紙は削除します。

　このようにして更新された型紙を使って、3次元に再構築するシミュレーションを適用すると、生成した断面は平面ではなくなり、内側から綿で押された少しぷくっとした形状になります。

---

² 2次元ベクトルの外積はスカラ値になります。ベクトルuとvの外積は、$u.x * v.y - u.y * v.x$です。

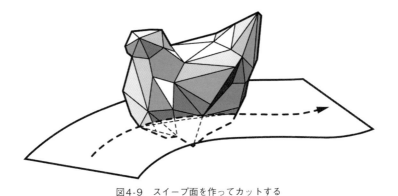

図4-9　スイープ面を作ってカットする

4-2-3　2種類の突起生成

　図4-10(a)のように、物体の上にストロークの両端がのっていたら、突起生成モードが始まります。ぬいぐるみをよく観察してみると、腕や足のように胴体につながった突起と、耳やしっぽのように胴体の縫い目に挟み込むようにして作られている種類の突起があることに気がつくでしょう。

　この2種類をユーザがデザインしやすいように、システムは補助を行います。外形のストロークを描くと、システムが突起を自動生成して、ユーザにその結果をサムネイルで提示します（図4-10(b)）。図4-10(c)は内部がつながった太いパーツ（腕や足など）で、綿を全体に詰めていくことができます。図4-10(d)は内部がつながっていないぺちゃんこパーツ（耳やしっぽなど）です。この場合は、内部がそれぞれの空間に分かれているような突起なので、この場合には、それぞれ別のパーツとして綿を入れてから閉じる、といった作りかたをします。

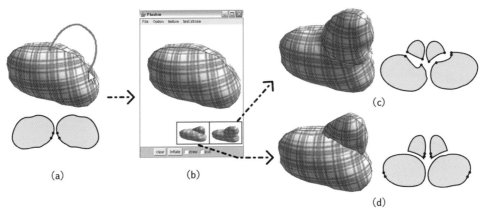

図4-10　突起の生成

内部がつながった太いパーツの場合には、図4-11の上図のように、本体にストロークの始点と終点を含むような穴をあけて本体のメッシュと直接接続するようなメッシュを生成します。内部がつながっていないぺちゃんこパーツの場合には、図4-11の下図のように、ストロークの始点と終点を使って、本体のメッシュ上にベースとなるストロークを描き、そこへ接続するような別パーツとしてメッシュを生成します。縫ったあとが入力したストロークに合うように、一回り大きい型紙を生成するといった処理をするところは新規モデル生成と一緒です。

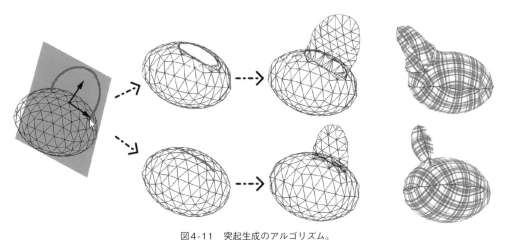

図4-11　突起生成のアルゴリズム。
ユーザが描いたストロークの始点と終点をモデルに投影して、3次元物体上の頂点を求めて2通りの突起を生成する。

COLUMN07　バルーンアート

　イベントブースなどで、子どもたちが集まりそうな場所に、その地方や企業のゆるキャラなどのバルーンが置いてあるのを目にしたことのある人も多いでしょう。このようなバルーンを製作する際にも、ぬいぐるみと同様、型紙設計の専門家が行っています。どのような形状をデザインするかをあらかじめ検討するために、コンピュータグラフィックスで3次元モデルを製作してから型紙をデザインしていたり、イラストから3次元のイメージを起こして経験と試行錯誤で型紙をデザインしたりと、製作会社や設計士さんによってやりかたはそれぞれです。しかし、いずれにしても、経験がないと簡単にはできない作業であることには変わりません。

　実際に巨大バルーン縫製する前には、ペーパークラフトで試作をしてみたり、1mほどの小さめなバルーンを試作してみたりします。大きなバルーンを作るためには、

こういったパターンの設計のほかに、試作を何度も繰り返すこともあります。そのため、オリジナルなバルーンを製作するためには、2か月ほどの納期がかかります。

　一方、ぬいぐるみデザインシステムを使うと、型紙が自動出力され、あらかじめ縫い合わせシミュレーションもコンピュータ内で終わっているため、試作を繰り返さずにすぐに縫製に入ることができます。図4-12は、ぬいぐるみデザインシステムを用いて製作したくまのバルーンです。試行錯誤がコンピュータ内で完了するため、このバルーンの製作期間は、縫製作業の2週間ほどで済みました。

図4-12　バルーンもぬいぐるみと同様、従来製作には試行錯誤が必要であった

4-3　ぬいぐるみを分解する──平面展開

　3次元モデルの表面（3次元サーフェスモデル）と2次元平面間の座標を1対1対応させる**平面展開**（Parameterization, Flattening）は、さまざまな分野で使われています。

　テクスチャマッピング（Texture Mapping）では、2次元画像を3次元形状の上にマッピングすることができます。画像だけでなく、近年のGPU[3]の進歩とともにBRDFやバンプマップ、ディスプレースメントマップなど、さまざまな特性をリアルタイムで3次元サーフェスモデルにマッピングできるようになりました。

　また、**可展面近似**では3次元形状を平面に展開することで、洋服の型紙やぬいぐるみの型紙などを生成することができます。**可展面**（developable surface）とは、3次元サーフェス上のすべての点において**ガウス曲率**[4]が0となるような曲面のことを指し、このような曲面

---

[3] Graphics Processing Unitの略。画像処理に特化した演算装置のこと。
[4] ガウス曲率とは、曲面上の与えられた点における、主曲率κ_1とκ_2の積です。曲面の曲がり具合を表す際にしばしば用いられます。

は3次元曲面を2次元平面に歪みなく展開することができます。この節では、この可展面近似に着目して解説していきます。

　3次元メッシュを2次元平面へ展開する際に、完全に歪みなく展開することはできません。必ず歪みが生じることになるのですが、ここで大きく分けて**等角マップ**と**等積マップ**が存在します。

　たとえば、地球と世界地図の関係を考えてみましょう。地球を世界地図という平面にマッピングするとき、歪みが生じるのはご存じでしょう。よく知られている「メルカトル図法」（図4-13(a)）は等角マップです。"角度が等しい"とは、「地球上の1地点において2つの方向線が作る角と、対応する地図上の2つの方向線が作る角が等しい」と定義されています。この手法では、たとえば世界地図の南極が非常に大きく描かれていることからもわかるように、面積の歪みは大きくなります。メルカトル図法のほかにも、「モルワイデ図法」（図4-13(b)）というものがあり、これは等積マップです。メルカトル図法とは異なり、実際の面積との比が等しくなるという長所を持っています。しかし、距離の比は一定ではないという欠点があります。

　そのほか、実際にペーパークラフトや布などで球を作るためには、図4-13(c)のような舟形多円錐図法という展開手法を使った展開図を使うことが多いです。このようにすべて（角度、長さ、面積）において正確に3次元メッシュと2次元平面を対応づけることはできないため、どの歪みに着目するかでさまざまな手法が提案されています。

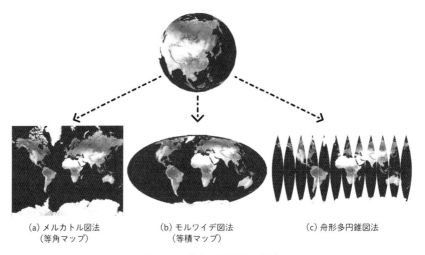

　　(a) メルカトル図法　　　　　(b) モルワイデ図法　　　　　(c) 舟形多円錐図法
　　　（等角マップ）　　　　　　　（等積マップ）

図4-13　地球と世界地図の関係

　次に、それぞれの手法を説明する前に、いくつか用語の説明をします。図4-13に示したように、3次元メッシュから2次元へと平面展開する際には、3次元メッシュ全体をいくつかの領域に分割し、それぞれの領域をそれぞれ平面展開するような手法が多く使われています。最初にいくつかの領域に分割することを**領域分割**や**セグメンテーション**（**Segmentation**）

と言い、これには手作業で切り開くエッジを指定していくほか、自動での領域分割手法も多く提案されています。分割されたそれぞれの領域は**セグメント**（**Segment**）、**パッチ**（**Patch**）、または**チャート**（**Chart**）などと呼ばれています。また領域分割線のことを**シーム**（**Seam**）と呼びます。シームは、たとえば、洋服やぬいぐるみなどの縫い目に対応する部分のことです。

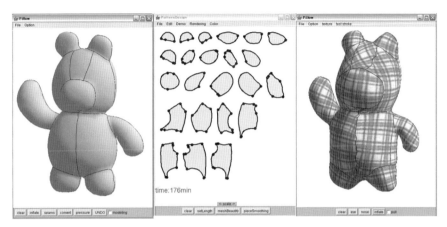

図4-14　Pillowでの縫い目デザインと平面展開、シミュレーション結果。
このくらいの縫い目を入れると、展開してシミュレーションしても、もとの3次元形状に近くなります

　これらを実装するときには、シームはメッシュの辺の集まりなので、辺のクラスにシームか否かの真偽値（boolean）を持たせるだけの場合もありますし、シームクラスを定義して、そのインデックスを持たせたりすることもあります。また、パッチはメッシュの面の集まりなので（つまり閉じていないポリゴンメッシュ）、面のリストとして表現することもあれば、ポリゴンメッシュとして表現することもあります。

　最小二乗法による等角マップである**Least Square Conformal Maps**[5]（**LSCM**）、角度のみに着目した **Angle Based Flattening**[6]（**ABF++**）が搭載されているGraphiteシステム[7]では、1つのパッチは1つのポリゴンとして定義されています。そのため、複数のポリゴンメッシュの集合としてパッチを表現することで、自分の好きなモデルでセグメンテーションした結果を読み込んで、LSCMやABF++での平面展開結果を試してみることができます。

　平面展開手法を使用するときに、複数のパッチに分解するためには、メッシュ領域分割（mesh segmentation）を行います。これには、すでに存在する辺上にシームであることを手動でマークしていくほか、自動での領域分割手法がたくさん研究されています。自動での領域分割手法の1つであるD-chartは、なるべく可展面の集合（Quasi-Developableなメッシュ）になるように分割する手法です。D-charts[8]ではクラスタリングするのに有名な**Lloydのアルゴリズム**（**Chapter 5**にて後述）を用いて計算していきます。具体的には、指定された領域数にな

[5] B. Lévy, P. Sylvain, R. Nicolas, and M. Jerome. "Least Squares Conformal Maps for Automatic Texture Atlas Generation", ACM Transactions on Graphics, vol. 21, no. 3, pp. 362-371, 2002.
[6] A. Sheffer, B. Lévy, M. Mogilnitsky, and A. Bogomyakov. "ABF++：Fast and Robust Angle Based Flattening", ACM Transactions on Graphics, vol. 24, no. 2, pp. 311-330, 2005.
[7] NRIAが開発している研究プラットフォームであるGraphite。http://alice.loria.fr/index.php/bruno-levy/22.html

るまで、ランダムに可展面近似のプロキシを配置していきます。サーフェスの表面を歪みが少なくなるようにプロキシを更新していきながら、収束するまで領域を拡大していくことで、領域分割を行います。用途に応じてどの自動領域分割手法が最適かは異なってくるため、使い分ける必要があります。

COLUMN09 ぬいぐるみのための自動縫い目挿入

さて、ぬいぐるみの場合には、領域分割の線が縫い目としてデザインにもつながるという点に注意が必要です。ぬいぐるみの縫い目のように、シームの境界線もデザインとして重要視するようなものの場合には、手動での領域分割もおすすめです。図4-15では、同じぬいぐるみのモデルに対してD-Chartsでの自動領域分割と手動での領域分割とを行い、比較してみました。どちらも領域分割数は同じです。これを見ると、自動での領域分割にはここが顔ですよ、といった情報などが組み込まれていないため、ぬいぐるみの顔となる部分に適切ではない縫い目が入ってしまったりします。そこで、自動と手動をうまく組み合わせる、などの手段も必要になってきます。ぬいぐるみデザインシステムPlushieやPillowでは、完全自動を目指すのではなく、ユーザによるデザインが中心となっています。

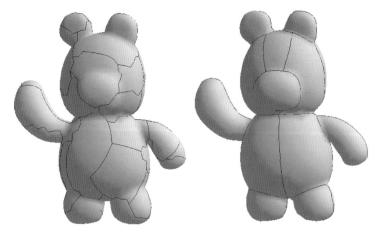

図4-15　自動での領域分割(左)とユーザがデザインした領域分割(右)

ぬいぐるみ設計士さんは、実際にどのように縫い目をデザインしているかというと、凹凸のあるところを中心に縫い目を入れていくのだそうです。図4-15のくまの例だと、耳の付け根や、首、腕の付け根といった部分は、縫い目がデザインされる可能性が高い場所です。
そこで、3次元メッシュの辺に着目したときに、左右の面の法線ベクトルに着目し、

8　D. Julius, V. Kraevoy, and A. Sheffer, "D-Charts: quasi developable mesh segmentation", Computer Graphics Forum, vol. 24, no. 3, pp. 981-990, 2005.

角度が急な場合にはその辺を自動的にシームとする自動縫い目挿入機能を実装しました。その結果、全体を手動でデザインするよりも、手軽にデザインできるようになりました。とくに首のような「面の折れが急な部分」というのは、3次元サーフェス上でも隠れ気味になっているため、辺にシームだというラベルを付けづらい傾向があります。しかし、面の折れ具合を参照してシームのラベルを自動で付けることで、これを解決することができました。

 ## 4-4 ぬいぐるみの模様や色を再現する ——テクスチャマッピング

ぬいぐるみモデルの描画には、テクスチャマッピングを用いています。**Chapter 3**のあみぐるみでは1つずつテクスチャを設定していましたが、ぬいぐるみでは領域ごとにテクスチャを設定しています。通常、テクスチャマッピングをするためには、3次元モデル上の3次元頂点 (x, y, z) に、テクスチャマッピングのためのUV座標 (u, v) を指定していかないといけません（**UVマッピング**）。しかし、ぬいぐるみモデルの場合には、2次元の型紙と3次元モデルが1対1対応しているので、それをそのまま使ってテクスチャマッピングを行っています。

図4-16は、ぬいぐるみワークショップを開催したときに子どもたちがデザインしたオリジナルなぬいぐるみです。デフォルトでは、これまでの図でも示してきたように、チェック柄を使ってぬいぐるみモデルを表現しています。

図4-16　子どもたちがワークショップでデザインして作ったぬいぐるみ

チェック柄は、テディベアの布としてもよく使われる柄でもありますが、3次元モデルを平面展開したときにどのくらい延びが生じているかを評価するときにも使われます。ぬいぐるみの3次元モデルは可展面になっており、実際に作れる形なのですが、「少しだけ延びているな」と思うところ、つまりチェック柄が延びているところに縫い目を入れることで、より延びの少ないぬいぐるみをデザインすることもできます。

また、図4-17のように、それぞれのパーツごとに色を変更したり、花柄にしたりと、テクスチャを設定することもできます。自分の使いたい布をスキャンして読み込むことで、作ったあとの見栄えがどのようになるのかを、コンピュータのなかで再現してから作ることもできます。

図4-17　テクスチャマッピングの例

COLUMN10　ふさふさレンダリングと演算

　ぬいぐるみといったら、布で作られたもののほかに、ふさふさの布、つまりファーで作られたぬいぐるみを思い浮かべる人もいるでしょう。

　最初は、ぬいぐるみシステムでもふさふさレンダリング（ディスプレイ上に描写させること）をしようと実験をしてみました。つまり、各頂点に設定されている法線ベクトル方向を利用して、ふさふさの毛並みを表現しようと試みました。ところができたのは、図4-18のようなサボテンくま。

　というのも、ぬいぐるみデザインシステムは、コンピュータグラフィックスの初心者で、かつ手芸の知識もないユーザが使うことを想定していたので、家庭で普及しているレベルの手軽なノートPCで稼働できることを目指していました。また、ぬいぐるみを手軽にデザインして試行錯誤したいという希望があったため、リアルタイムで稼働するシステムにする必要がありました。

　3mm程度のふさふさ描画でさえも、リアルタイムに再現することは困難でした。高性能なグラフィックボードを載せたPCでしか稼働しないふさふさ描画のぬいぐるみ設計システムよりも、手軽で安価なノートPCでもリアルタイムに動くぬいぐるみ設計システムを選択した結果、チェック柄のテクスチャマッピングになったのでした。

PCのスペックも日々高速になっているので、いま実験してみたらできるかもしれません ね。

図4-18　ふさふさレンダリングをしようとしてあきらめたサボテンくま。
リアルタイムで動かすことができず断念。

 ## 4-5　ぬいぐるみの形を再現する──物理シミュレーション

　ぬいぐるみモデルのシミュレーションには、単純な**バネモデル**を用いています。図4-19 に示したのが、ぬいぐるみのバネモデルの状況です。内側が綿で、外側が空気。その間に布が あり、布を質点とバネで近似します。質点と質点をバネでつないだモデルなので、バネモデル と呼ばれます。

　最初のステップとしては、内側から綿を入れるので、綿が質点を外側に押し出します。そして、 質点が押されると、今度はバネが質点をひっぱります。すると、これらの引く力がひっぱられ ることで、両方のベクトルを合わせると力は内側に向いて、質点は内側に引き戻されること がわかります。

　つまり、それぞれの頂点に対して、次のような2つのステップを繰り返します。

1. 物体の内側から外側へ（法線ベクトル方向へ）膨らます力をかけ、頂点を移動させます。
2. ある程度ふくらんだら、膨らまし方向の力をなくし、バネモデルを用いてそれぞれの辺の 長さを調整します。

　この2つのステップを3次元形状が収束するまで繰り返すことで、ぬいぐるみモデルのシミュ レーションを行っています。

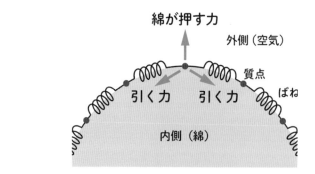

図4-19 バネモデル。布を質点とバネで近似する。

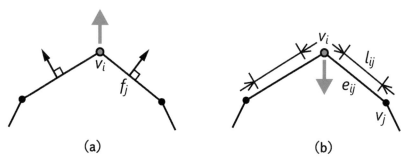

図4-20 ぬいぐるみシミュレーションの2つのステップ

3次元空間での**法線ベクトル**[9]とは、面の向きを示すベクトルのことで、面の方程式や、面上の接線ベクトル同士の外積で求めることができます(図4-21)。ベクトルaとベクトルbの2つがわかっているときは、外積$\vec{N}=(\vec{a}\times\vec{b})$で求めることができます。面の方程式から計算するときは、$ax+by+cz+d=0$、$\vec{N}=(a,b,c)$となります。

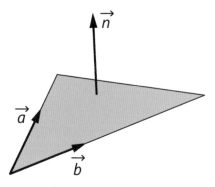

図4-21 面の法線ベクトル

----

[9] Proecssingの`box()`や`shape()`などでは、内部で設定してくれます。明示的に設定したい場合には、`normal(nx, ny, nz)`を使って設定します。

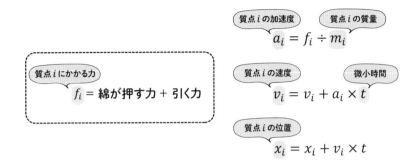

先ほどのような説明を数式で表現すると、上のようになります。f_i は質点 i にかかる力で、f をもとに点がどう動くかを計算します。加速度 a_i は、力 f を質量 m で割った値として求めることができます。これは、ニュートンの運動方程式、$ma = F$ ですね。

次に、質点 i の速度 v_i を更新します。加速度×時間の分だけ速度は増加するので、微小時間を t として、前の時点での速度に対して、今回増加した速度を加えて、速度 v_i の値を更新します。最後に、質点の位置を更新します。これも前の時点での位置に対して、計算で求めた速度に微小時間 t をかけた値を加えて、位置を更新します。

リスト4-4　プログラムで書いたシミュレーション 擬似コード

```
for( 質点の数だけiを回す ){
    f[i] = push(i) + pull(i)
    a[i] = f[i] / m[i]
    v[i] = v[i] + a[i]*t
    x[i] = x[i] + v[i]*t
}
```

これをプログラムで書くと、リスト4-4のようになります。それぞれの数式がそのままプログラムに書かれていることがわかると思います。全部の質点に対してこの計算を行いたいので、最初にループをつけて、すべての質点 i に対して計算を行います。これで、微小時間 t が経過したあとの質点の位置、つまり布の位置が計算できます。実際にこの計算を何度も行うことでシミュレーションを行っています。

図4-22に、同じくまモデルの縫い目を変えた例を示します。上段のように、くまの顔を1枚の布で表現すると、平べったいざぶとんのようなくまの顔ができます。下段のようにくまの顔にも縫い目を入れてあげることで、鼻が飛び出したようなくまの顔ができることが、シミュレーションをすればわかります。一番右が実際に縫ったものです。このような単純な形であっても、縫うには1時間ほどかかります。ほんの数秒でさまざまな型紙でシミュレーションしてみて、できあがりの形を知ることができるのは便利なのです。

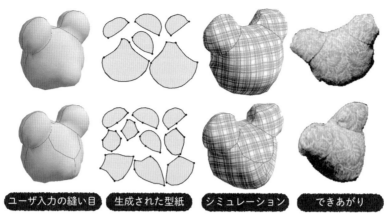

| ユーザ入力の縫い目 | 生成された型紙 | シミュレーション | できあがり |

図4-22 異なる縫い目デザインの例

COLUMN11 ちいさなミスから生まれた発見

　3次元モデルをシミュレーションするときには、各辺に「どの長さになって欲しいか」といった目標の長さを設定して、その長さになるようにバネモデルで動かしていきます。ぬいぐるみのシミュレーションでは、3次元モデル上の各辺の目標の長さは、対応する型紙の三角形パッチの辺の長さを使って設定していました（図4-23）。

図4-23 型紙から辺の長さを決めて、3次元モデルの対応する辺の目標の長さとして設定する

あるとき、この設定をし忘れて、目標の長さがすべてゼロのままシミュレーションをしてしまったことがありました。図4-24のように、どんどんしぼんでいくぬいぐるみモデル。すべての辺の長さがゼロになるまで縮んでいって消えてしまいました。そのときには、大笑いしてただのバグとして終わってしまったのですが、こういったメッシュ収縮（Mesh contraction）をうまく利用することで、3次元モデルの中心線を抽出する論文も発表されています[10]。

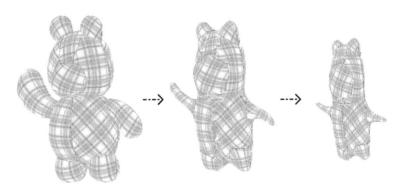

図4-24　3次元モデルのシミュレーション。
辺の目標の長さをゼロでシミュレーションすることで中心線を抽出できる。

[10] K. Oscar, et al. "Skeleton Extraction by Mesh Contraction". ACM Transaction on Graphics (in Proc. of SIGGRAPH 2008), vol. 27, no. 3, article 44, 2008.

Chapter 5
カバー×集合演算

5-1 カバーのつくりかた

5-1-1 一般的なつくりかた

　身の回りの3次元物体には、さまざまな目的でカバーが使われています。たとえば、カメラや車には、汚れや衝撃から守るためにカバーが用いられます。また、ティーポットには、お茶の温度を保つためにティーコージーというカバーが用いられています。しかし、カバーはすべての製品に対して存在するわけではないですし、カスタムメイドでデザインしなければいけないときや、デザインしたいときもあるでしょう。

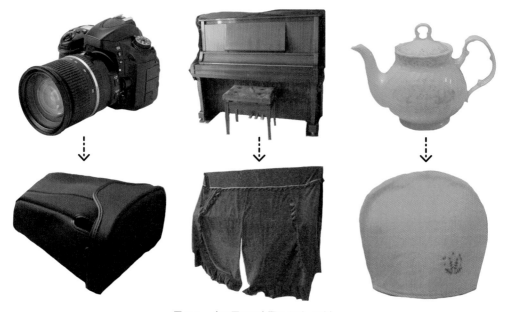

図 5-1　身の回りの実際のカバーの例

　たとえば、図5-2のプリンタのように箱型のカバーを作るのであれば、縦・横・高さを測ってカバーの大きさを決めていきます。直方体の展開図のように、型紙を作成することもできます。とはいえ単純な直方体であったとしても、小さな段差や開け閉めのしやすさ、マチや縫いしろといった細かいところまで考えるのは、実は難しい作業です。

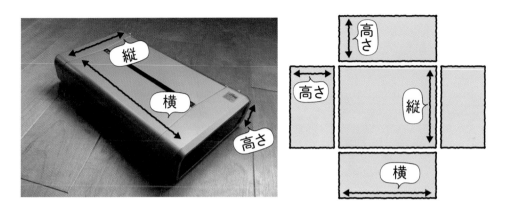

図5-2　プリンタなど箱型のもののカバーを作る場合は、縦・横・高さを計測して型紙を作成する

　形が箱型でない場合も、細かい寸法がわかっている場合は、箱型よりも複雑であるものの型紙を作成してカバーを作ることができます。しかし、身の回りにある家具や家電などの詳細な寸法を、数値としてきちんと把握していることはまれでしょう。そういった、型紙がなく寸法がわからないもののカバーを作る場合は、採寸を含めた型紙の設計から始める必要があります。

　図5-3では、サイズのわからないグランドピアノの、天板部の型を取る例を示しています。まずは、天板部に大きな紙を当てましょう。図5-3の例では新聞紙をつなぎ合わせて大きな紙を作っていますが、模造紙やカレンダーの裏紙なども使えます。紙をしわがないようにのばして、適切なところに目安となる印を入れたり、カットしたりと形を整えていきます。

　さて、カバーは単にピアノを覆えればよいとも限りません。蓋を開け閉めしやすいようにスリットを入れたい場合や、布の幅の制約で縫い目が表に出てしまう場合などには、そのスリットや縫い目がデザインとして恰好悪くならないようにデザインします。これは、型紙の設計段階で決めておかなくてはなりません。

　このように、なにかの物体のカバーを作ることは大変なことです。実際には、すでに売られているカバーを「少し大きいなぁ」と思いながら使ったり、キットとして売られているカバーやポーチの型紙を使って作ったりすることが多いでしょう。

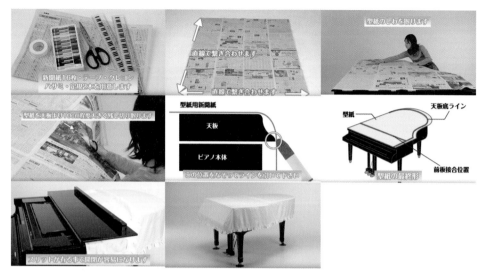

図5-3　サイズのわからないグランドピアノのカバーを作るには（吉澤ピアノ YouTube 動画
「グランドピアノオーダーカバー 型紙の作り方（https://www.youtube.com/watch?v=q9TzqiGoZp8）」より引用）

5-1-2　コンピュータを用いたつくりかた

　既存の物体に対するカバーデザインにはたくさんの物理的制約があり、それらを満たすような カバーを初心者がデザインすることは難しい、とわかっていただけたと思います。さらに、カバーで包みたい物体の表面よりも2次元の型紙が大きくなるようにデザインしなければなりませんし、すっぽり包むようなカバーの場合には、取り出し口は内部の物体を簡単に取り出せる大きさにしないといけません。

　こういった問題を解決するために，コンピュータを用いて既存の3次元モデルに対してインタラクティブにカバーをデザインするシステムを紹介します。図5-4は、カバーデザインシステム「Wrappy（ラッピー）」を使ったデザインのようすです。カバーを作りたい物体の3次元モデルを入力してデザインしていきます。このシステムでは、最初に、入力した3次元モデルの凸包（convex hull、後述）を計算して、複数のパッチに自動で領域分割をします。ユーザが結果に満足しなければ、さらに手作業で領域分割線の追加や削除などの微調整を行います。その後、システムは自動で2次元型紙（パッチ）へと展開して、さらにそれらを縫い合わせた3次元形状をシミュレーションで提示します。

　次に、ユーザはカバーの取り出し口をデザインしていきます。これはすでにある領域分割線の上でのみデザインすることができるようになっています。線をなぞるように取り出し口の位置を指定すると、システムは、その取り出し口から3次元モデルを取り出せるかどうか検証します。取り出し口が小さすぎて取り出せない場合には、ユーザに警告します。

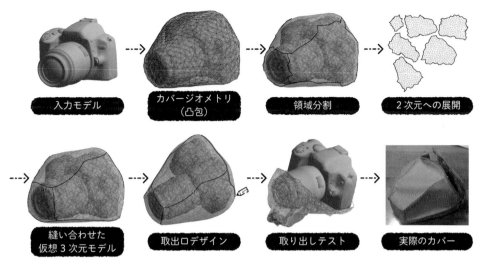

図5-4　カバーデザインシステム「Wrappy」の概要

　Wrappyを使うと、図5-5のようなカバーを作ることができます。システムの使いかたは
5分〜10分で理解することができ、デザインは5分〜20分ほどで行えます。実際のカバーは、
1時間〜2時間かけて裁縫しました。

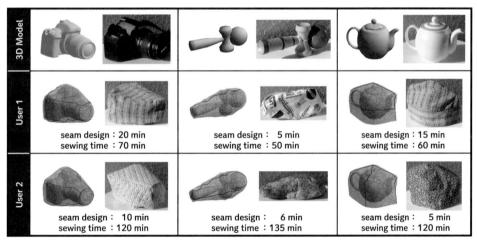

図5-5　Wrappyを用いてユーザがデザインしたカバー

　この章では、Wrappyのしくみを通じて、凸包やクラスタリングによる形状の決定や取り
出し口を決めるためのシミュレーションについて学んでいきましょう。

やりたいこと：カバーをコンピュータで作成して取り出せるかテストする
制 約 条 件：縮まらないように展開する、取り出せるように取り出し口をデザインする
この章で学べること： 物理演算② 凸包・クラスタリング・データ構造・関連するアルゴリズム（ギフトラッピング法）

5-2 カバーの形を決める──凸包形状

入力した3次元モデルに対して、カバー形状を計算して求めます。Wrappyでは、図5-6に示すように、「wrappingカバー」と「drapingカバー」の2つのタイプのカバーを作成できます。Wrappingカバーは入力モデルの全体を包むカバーで、デジタル機器などのケースによく用いられています。図5-1の例のなかでは、カメラのカバーが該当します。一方drapingカバーは、上部と側面を覆うカバーです。図5-1の例のなかでは、ピアノカバーとティーコージーが該当します。

Wrapping カバー
全体を包むタイプ

draping カバー
上部と側面を包むタイプ

図5-6 計算されたカバー形状

カバーをデザインする際には、入力モデルの細部は使わずに、入力モデルの凸包を用います。**凸包**（とつほう、**convex hull**）とは、与えられた集合を含む最小の凸集合（2次元では凸多角形、3次元では凸多面体）のことを指します。たとえば、図5-7のように2次元で点が与えられたときに、それを外側からゴム膜で包んでいったときの太い線が凸包です。これを3次元の頂点群で考えると、前ページの図5-4のようなカバーの形状を作ることができます。

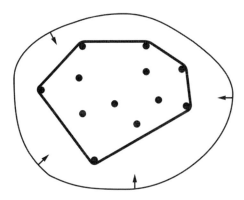

図5-7　2次元の凸包

　draping カバーの場合、システムは入力モデルすべての頂点を底面に投影した頂点も加えた凸包を計算して、その形状から底面を取り除いた形状を用いています。具体的には、図5-8のように、入力モデルの頂点列 $V = \{v_0, v_1, ..., v_n\}$ が与えられたときに、個々の頂点 $v_i = (x_i, y_i, z_i)$ に対して、底面に投影した頂点 $v_i' = (x_i, y_i, 0)$ を計算して、$V' = \{v_0', v_1', ..., v_n'\}$ とします。この頂点列 V と頂点列 V' を合わせたものに対して、1つの凸包を計算します。この計算された凸包は、必ず $z = 0$ の面を持っているので、これを底面として削除した形状を draping カバーとしています。

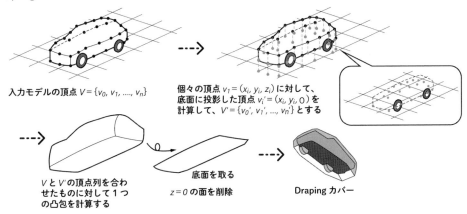

図5-8　drapingカバーの凸包を使った求めかた

5-2-1　ギフトラッピング法

　2次元の場合の凸包の求めかたを簡単に説明してみたいと思います。**ギフトラッピング法**（Gift wrapping algorithm, Jarvisのアルゴリズム）というものがよく知られています。

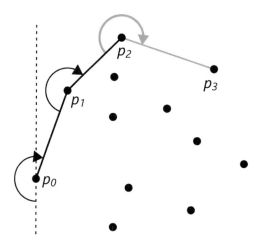

図5-9　ギフトラッピング法による凸包の求めかた

　まず、凸包に必ず含まれていることが確実な点をP_0とします。図5-9では、最も左端の点をP_0としています。ここから、直線P_0P_1を引いたときにすべての点の集合が右側に入るような点P_1を選びます。これを、P_iP_{i+1}に対して繰り返して行って、最後にP_0に戻ってきたら終わりです。

　このアルゴリズムでは、点が3つ以上あり、かつ、それらの点が一直線上にないと仮定されています。もし一直線上に複数の点がある場合には、最も遠い点を選ぶか、凸包の辺上のすべての点を選べば大丈夫です。この方法は、そのまま3次元に拡張することができます。

　凸包を求めるアルゴリズムは、ギフトラッピング法のほかにも、Grahamのアルゴリズムや分割統治法に基づくアルゴリズムなど、いろいろなアルゴリズムがあります。それぞれ計算量や実装のしやすさなども異なるので、興味のある人は調べてみてくださいね。

5-2-2 リサンプリング

　さて、カバー形状を凸包とすることで、ぴったりと物体に沿ったカバーよりも布の必要量が少なくて済み、実際に縫う際にも単純な形状になります。また、このあとの展開や取り出しテストのアルゴリズムも、簡単にすることができます。図5-10は、入力モデルから、取り出しシミュレーションを行うカバーモデルまでの、計算の過程を示しています。

　3次元モデルを読み込んで凸包を求めると、図5-10(a)から同図(b)のようなモデルができます。このメッシュではシミュレーションが行いづらいので、同図(c)のように、できるだけ等辺の三角形になるようにリサンプリングを行います。

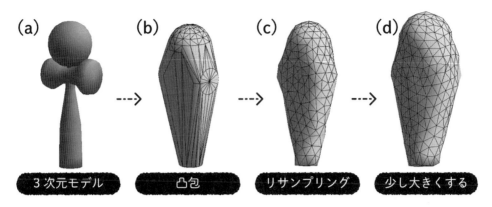

図5-10　リサンプリングと領域分割のようす

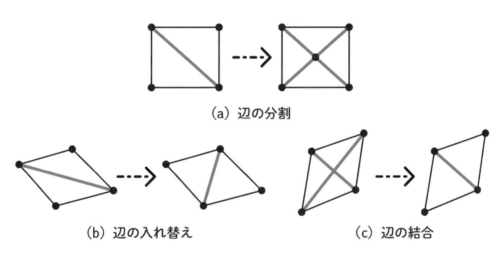

図5-11　辺を分割したり、入れ替えたり、結合したりすることできれいな三角形を作る

　リサンプリングでは、メッシュ上の辺に注目して、図5-11(a)のように**辺の分割**(**split**)をしたり、図5-11(b)のように**辺の入れ替え**(**swap**)をしたり、図5-11(c)のように**辺の結合**(**collapse**)をしたりすることで、できるだけ正三角形に近い三角形メッシュを作っていきます。このようにして、図5-10(c)のようなきれいなメッシュを作っておくと、取り出しシミュレーションが安定して計算でき、その結果布のような自然なふるまいを再現できます。

　さらに、カバーは入力モデルより少し大きくないといけないので、図5-10(c)を少し外側に膨らませたメッシュ(図5-10(d))を使って、計算を進めていきます。ここでは、すべての頂点を法線ベクトル方向に一定の距離だけ動かすことで、膨らませたメッシュを生成しています。

COLUMN12 3次元モデルの用意のしかた

システムでカバーデザインをするときには、カバーを作りたい物体の3次元モデルを用意する必要があります。用意にはさまざまな方法が考えられます。

まずは、一からモデリングをする方法です。汎用のモデリングソフトウェアなどを利用すれば、モデリングをすることができます。Maya[1]のようなCGの専門家が使っているソフトウェアのほかにも、近年では、初心者でも簡単にモデリングできるソフトウェアが用意されています。たとえば、Metasequoia[2]やTinkercad[3]は初心者でも使いやすいようにデザインされていますし、blender[4]も有名です。本書の最後に解説も付けたので、モデリングをしたことがない方は、ぜひやってみてください。

また、3Dスキャナを利用すれば、現実物体をスキャンして3次元モデルを用意することができます。とはいえ、まだまだ高額なので、家庭用として普及するにはもう少しかかりそうです。

画像処理技術を利用して、デジタルカメラで撮影した2次元画像から3次元モデルを構築する技術も提案されていますし、インターネット上からダウンロードなどで購入できるサイト[5]も多いです。

このシステムでは凸包計算を適用するだけなので、スキャンデータの点群モデルや、サーフェスモデルなどを入力すればカバーデザインが可能です。

5-3 カバーを型紙に展開する──領域分割

カバー形状が得られたら、2次元に展開するための**領域分割**を行います。**Chapter 4**では手動でデザインしましたが、本章では、まずは自動で行います。

自動で領域分割をする研究は多く行われていますが、システムは入力されたモデルの意味（たとえばティーポットの例で言うと、ここが把手、ここがフタなど）を理解しているわけではないので、常によい結果が得られるわけではありません。また、図5-12のように、領域分割の結果が異なれば、縫い合わせたあとの見た目も異なることになります。そのため、Wrappyは自動での領域分割をしたあとに、ユーザが領域分割線をデザインできるように、手動で編集するインタフェースも備えています。自動分割では現実のカバーを参考に、wrappingカバーでは6枚、drapingカバーは5枚を領域数の初期値として設定しています。

---

[1] https://www.autodesk.co.jp/products/maya/overview
[2] https://www.metaseq.net/jp/
[3] https://www.tinkercad.com/
[4] https://blender.jp/
[5] 3D Model Japan: http://3dmj.info/, CG data bank (3D car model online shop): http://www.cgdatabank.com/

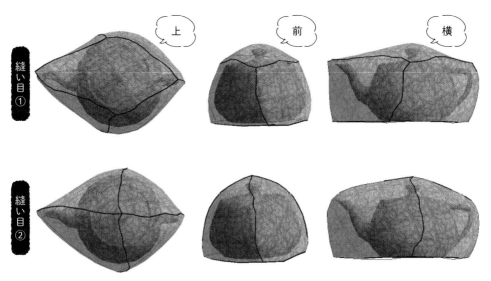

上　前　横

縫い目②

図5-12　展開された型紙を用いて縫い合わせたカバー形状。縫い目デザインが違うと縫い合わせたあとの見た目も異なる。

 ## 5-4　縮めずに平面展開する ——Shrink-free Flattening

　領域は3次元の曲面なので、型紙を作るためには、領域を平面に展開する必要があります。カバー生成のための新たな展開手法、**縮まらない**展開手法（**Shrink-free Flattening**）を紹介します。Chapter 4の平面展開で、3次元から2次元に平面展開をすると歪みが生じてしまうと述べました。カバーとして物体を包み込むためには、展開した型紙が、対象物体の表面形状よりも縮んでしまってはいけません。また、大きすぎる型紙は、余分なしわや領域の原因となるので、やはり避けなければいけません。

　この節で紹介する展開手法は「3次元の辺の長さよりも、展開後の2次元の辺の長さのほうが必ず長くなる」という制約つきの展開手法です。展開は自動で行い、展開した結果をそのまま2次元の型紙として利用することができます。

　まず、通常の展開手法を用いて、2次元座標を決定します。その後、縮まない制約を加えて、繰り返し展開を行うことで結果をよくしていきます（図5-13）。初期の2次元座標の決定には領域を固定しない展開（たとえば、LSCMやABF++など）であればどの手法でもできます。Wrappyでは、第1ステップとしてスケールを無視して展開したあとに、第2ステップとしてスケールを調整して結果を提示しています。

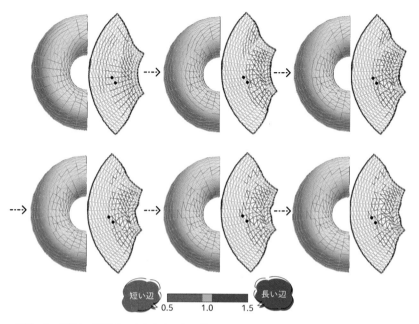

図5-13　反復して展開するようす。短い辺が消えていくようすがわかる。黒点は固定した頂点。

　この第2ステップにおいて、辺に重みを付けて繰り返し展開することで、対応する3次元メッシュ上の辺の長さよりも、等しいか長い辺に展開することができます。前回の展開結果における2次元の長さを用いて、図5-14に示す関数で辺の重みを更新していきます。

　この関数は、伸びた辺を1、縮んだ辺を1,000として、その間を線形につないだ関数です。それぞれの辺の回転も許すような展開です。システムはすべての辺の座標が制約を満たす位置に決定するか、短い辺への重み付けが終了するかしたら、繰り返し展開するのを終了します。反復の結果、だんだん短い辺が減少していくようすが図5-15でわかると思います。

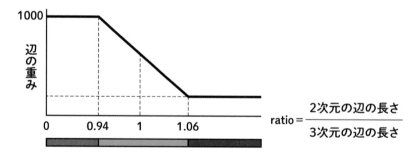

図5-14　辺の重み関数

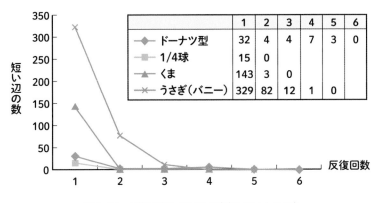

	1	2	3	4	5	6
◆ ドーナツ型	32	4	4	7	3	0
■ 1/4球	15	0				
▲ くま	143	3	0			
✕ うさぎ（バニー）	329	82	12	1	0	

図 5-15　反復の結果、短い辺が減少していくようす

　図5-16に、この縮まらない展開手法での展開と、従来のABF++での展開手法を比較した
ようすを示してあります。すべての2次元の辺が、もとの3次元の辺よりも等しいか長くなっ
ていることがわかります。一方、ABF++では、ほぼ半分の辺がもとの3次元上の辺の長さよ
りも短くなっていることがわかります。

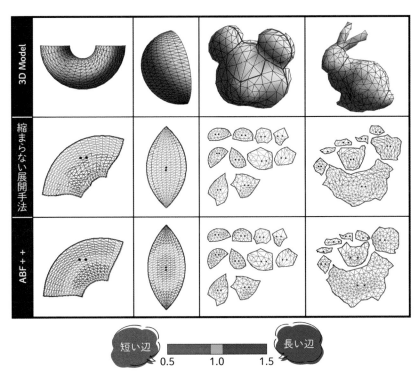

図5-16　縮まらない展開手法とABF++の比較。黒い点は固定した点。
縮まらない展開手法では、短い辺（赤い辺）が存在しないことがわかる。

この展開では、**最小二乗最適化**[6]を行うために、少なくとも２つの頂点を拘束しなければならないので、領域の中央の辺の両端を拘束してあります。これは、一般にメッシュの中央ほど縮まって展開され、メッシュの外周に近いほど引き伸ばされて展開されることに基づいて決めています。

　縮まらない展開手法は、最小二乗最適化計算を複数回行います。この最小二乗最適化に現れる行列は、**疎行列**（**sparse matrix**）という成分のほとんどがゼロである行列になります。疎行列の性質をうまく利用することで、最小二乗最適化を効率よく計算することができ、計算が１〜２秒で終了します。

　さて、実際の布での比較を図5-17に紹介したいと思います。1/4の球を実際に用意し、その３次元形状を既存ソフトでモデリングをしました。その後、それぞれの手法で展開をして、展開した結果をそのまま型紙としました。それぞれの型紙に対して実際の布を裁断し、用意した1/4球に貼り付けて比較しました。

　ABF++によって展開した布は左右が短すぎて、上下は長すぎる結果となっています。足りないところは白い発泡スチロールが見えていて、長すぎるところは余っていることがわかると思います。ABF++での展開結果を拡大した型紙を使うことはできますが、単純に拡大してしまうと、不必要な部分までも大きく広がってしまいます。縮まらない展開手法を使うと、余るところもなく、足りないところもなく、覆えていることがわかると思います。

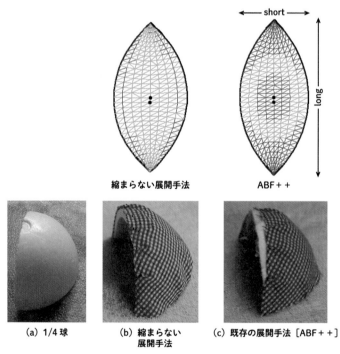

図 5-17　実際の布での比較

---

[6] 最小二乗最適化とは、二乗和で表現されるコストを最小化する最適化計算のことです。行列を利用して連立方程式を解くことで、解が得られます。

5-5 よりフィットした形状をつくる
──点群処理とクラスタリング

　ここまで説明してきた方法では、物体の全体の頂点に対し1つの凸包を用いてカバー形状を計算するため、入力モデルに対してカバー形状は隙間が多くできてしまう欠点があります。隙間が大きすぎると内部で物体が動いてしまい、物体の表面に傷が付いてしまったりするため、カバーとしては望ましくない場合があります。たとえば、手袋やバイオリンケースなどは、隙間が少ないカバーのほうがユーザに望まれるものの1つです。

　ここで、1つの凸包ではなく複数の凸包を用いることで、入力モデルに沿ったカバー形状を生成することができます。たとえば、図5-18のように、入力した頂点群を**クラスタリング**して、それぞれのクラスタに対して凸包を計算する……つまり、複数の凸包を計算してマージさせることで、よりフィットしたカバー形状を生成することができます。

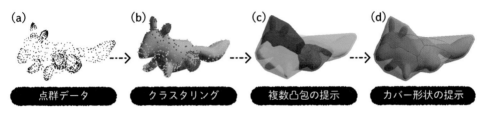

図5-18　複数の凸包を組み合わせたカバーデザイン

　頂点クラスタリングは、全点群を P としたとき、その分割、

$$\{C_i\}, i = 0, 1, ..., n \ (\cup C_i = P, i \neq j \text{ に対して } C_i \cap C_j = \emptyset)$$

を求める手法です。分割 C_i に対する凸包 $CH(C_i)$ は必ず決まるため、分割 C_i を求めればよい、ということになります。図5-19のように頂点をクラスタリングしたあと、それぞれのクラスタを使って凸包を作成していきます。ただし、図5-19(b)のように単純にクラスタごとに凸包を作成すると、クラスタとクラスタの間に隙間が空いてしまいます。そこで、図5-19(c)のように、クラスタの一番外側を構成している頂点のリンクを使って、1つ隣の頂点まで含めた頂点群を使って凸包を作成します。すべての凸包を合わせた外形を求めて、これをカバー形状として提示します。図5-20に、クラスタリングの結果と複数の凸包を組み合わせたカバー形状で実際にカバーを作った例を紹介します。

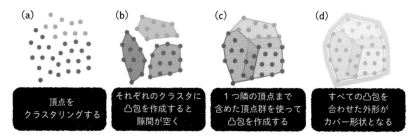

(a) 頂点を
クラスタリングする

(b) それぞれのクラスタに
凸包を作成すると
隙間が空く

(c) 1つ隣の頂点まで
含めた頂点群を使って
凸包を作成する

(d) すべての凸包を
合わせた外形が
カバー形状となる

図5-19　複数の凸包を使ってカバーを生成するアルゴリズム

図5-20　クラスタリングした結果と実際に縫った複数の凸包を使ったカバーデザイン

　クラスタリングの分割数kは、ユーザの入力としています。システムの初期設定は$k=4$です。カバーなので、だいたい$k=2$~6程度が妥当です。クラスタリングした結果とカバー形状を求めた結果を、図5-21に示します。

図5-21　点群データからのクラスタリングと複数の凸包を使ったカバー形状の結果

入力データに対してクラスタリングするには、**Lloydのアルゴリズム**[7]が有名です。Lloyd
のアルゴリズムは、k個の初期Centerを入力したあと、

1. 現状の中心（Center）を用いてClusterを広げていく（Geometry Partitioning）
2. それぞれのClusterに対して新しい中心（Cluster center）を計算する（Cluster fitting）

という2つの過程を、すべてのClusterにおいて中心（Cluster center）の変更が起きなくな
る（収束する）まで繰り返す、というフレームワークです。

5-5-1　クラスタを広げる──Geometry Partitioning

　ステップ1の「現状の中心（Center）を用いてClusterを広げていく（Geometry Partitioning）」
ことを考えましょう。まず、入力頂点群を、複数のクラスタ対して全体のエネルギーが最小に
なるように分割していきます。凸包は少なくとも4つの頂点を必要とするので、シードの頂
点s_iとこの近傍の頂点$Neigh(s_i)$から3つ選んだ頂点とで初期の凸包を生成します。
　次に、シードの頂点からクラスタを広げていきます。Lloydのアルゴリズムのように、近い（エ
ネルギーが低い）頂点から順にクラスタに追加していきます。このために、グローバルに**優先
度付きキュー（Queue）**を用意して、それぞれの頂点vとクラスタC_iにおける**エネルギー関数**
$E(v, C_i)$を計算してキュー[8]へ入れていきます。クラスタが決定した頂点は、クラスタC_iのイ
ンデックスiをタグとして保持します。よって、同じ頂点がキューから何度も取り出されますが、
すでにタグが決定している頂点に関してはなにも行いません。クラスタを広げていく処理は、
優先度付きキューが空になるまで繰り返します。キューから頂点を取り出して、すでにクラ
スタが決定していたらなにも行わずに、次を取り出します。もしクラスタが決定していなかっ
たら、今着目しているクラスタと同じインデックスを付け、クラスタを決定します。さらにキュー
に入っている頂点のエネルギー関数の値をすべて更新します。
　さて、頂点v_iを複数の凸包CHのなかでエネルギーが最小になるようにクラスタリングし
ていきますが、エネルギー関数はどのように定義したらよいでしょうか。$CH(C)$をクラスタ
Cの頂点を用いた凸包と定義します。ここで、$Vol(CH_i)$を凸包CH_iの体積として、エネルギー
関数は体積の増加分を用いることで、以下のように定義してみましょう（図5-22(a)）。

$$E_v(v, C_i) = Vol(CH(\{v\} \cup C_i)) - Vol(CH(C_i))$$

　また、計算時間を削減するためには、頂点vから凸包CHまでの**ユークリッド距離**を
$d(v, CH)$として、以下の式でエネルギー関数を近似しても解くことができます（図5-22(b)）。

---

[7]　S. Lloyd. "Least squares quantization in PCM", IEEE Transactions on Information Theory, vol. 28,
　 no. 2, pp. 129-137, 1982.
[8]　**キュー**とは、コンピュータでデータを扱う際に使われるデータ構造の1つです。**待ち行列**ともいい、要素を一列に
　 並べて、先に入れたものを先に取り出すという規則正しい出し入れを行う構造を指します。キューにデータを入
　 れることを**エンキュー**、取り出すことを**デキュー**と言います。優先度付きキューは、優先度の高いものから順に処
　 理する構造です。

$$E_d(v, C_i) = d(v, CH)$$

E_vを用いたほうが、より入力モデルにフィットする形状を得ることが可能になりますが、計算時間はE_dを利用したほうが速くなる、というわけです。時間がかかってもよいが丁寧な結果を得たいか、概算でいいからなるべく早い計算で求めたいか、使いたい用途に応じて、エネルギー関数の定義を考えるとよいというわけですね。

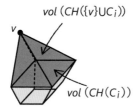
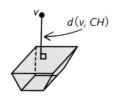

(a) 体積をエネルギー関数に　　　**(b) 距離をエネルギー関数に**

図5-22　エネルギー関数。体積を使っても距離を使ってもよい。

5-5-2　クラスタの中心を更新──Cluster Fitting

さて、新しいクラスタが見つかったら、それぞれのクラスタに対して中心(Center)となるシードを更新する、というステップ2に移ります。ここでは、それぞれのクラスタにおける頂点のリンクのグラフを構築して、グラフの中心となる頂点を抽出します。

ある頂点に着目したとき、そのリンクに含まれる頂点を、なかに違うクラスタのものが存在したら、その頂点は境界を構成する頂点列の1つと判断して、格納します。

この境界に含まれる頂点列からの距離が最大となるような頂点がこのクラスタの次の中心として利用します。このことでクラスタは全体のエネルギー関数を最小化するような結果を得ることができます。境界からの距離が最大となる頂点を求めるためには、**ダイクストラのアルゴリズム**で計算します。

ノードとリンクで構成されるグラフを構築したとき、**最短経路問題**を解くために、ダイクストラのアルゴリズムというものがあります。たとえば、図5-23(a)のようなグラフがあったとしましょう。今はリンクには向きの付いていない無向グラフを考えます。それぞれのリンクにはその経路を通るときのコスト(値)が付与されています。sがスタート、gがゴールです。まず、図5-23(b)のように、スタートはそのまま、コストなしで到達可能なので「0」を入れておきます。そのほかのノードには∞(無限大)の値を入れておきます。

次に、すでに値の決まったノードからリンクをたどって行きつける先のノードに対して、

リンクに書かれているコストを加えた値を入れます。ノードにすでに入っている値と比較して小さいほうの値をそのノードに入れることで、そのノードに到達するための最短のコストが入ります。図5-23(c)では、コスト2のリンクを通ったところは、ノードに「2」の値が入っています。中央のノードには、コスト5のリンクを通ったので、「5」の値が入ります。

さて、この中央のノードですが、実は上のノードからたどってくると2+1=3のコストで到達することができます。図5-23(d)のように上のリンクをたどって到達したときに、すでに入っている値よりも小さい値で到達できた場合には、小さいほうの値で上書きをします。

このように進めていくと、図5-23(e)のように、ゴールに到達した値を見るとコスト「6」が最短距離だということがわかります。最短経路を取り出す場合は、ゴールのノードから「どこから来たのか」を逆順にたどっていって、それをひっくり返すことでスタートからゴールへの順路を得ることができます。

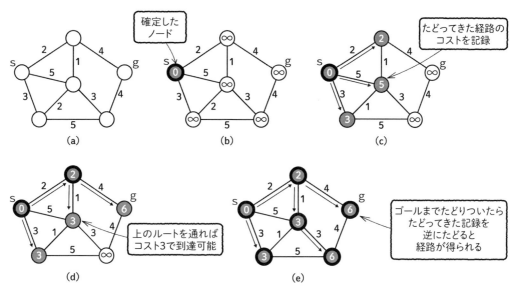

図5-23　ダイクストラのアルゴリズム

このダイクストラのアルゴリズムは、カーナビの経路探索や電車の路線経路案内などにも使われています。コストはたいてい、距離や時間などが設定されています。負のコストは扱うことができないのも、このアルゴリズムの特徴です。

5-6 取り出し口デザインのための物理計算

　wrapping カバーでは、ユーザがカバーの取り出し口をデザインして、その取り出し口から実際に取り出すことができるかどうかテスト[9]をします（図5-24）。取り出し口の初期形状を、3次元モデルの周りを伸びすぎないように仮想的にひっぱることで、取り出せるか否かを判断します。

　これは取り出し口の形状だけでなく、カバー全体の形状が関係してくるので非常に難しい問題になります。現実世界で私たちは、カバーから内部のものを取り出すときに、内部のものをひっぱる動作をします。その動作をコンピュータ内で真似てシミュレーションをしています。

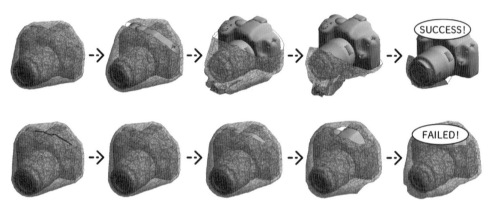

図5-24　取り出しテスト。成功例（上段）と失敗例（下段）。

　話を簡単にするために、ユーザが取り出し口としてデザインできるのは凸包のメッシュに存在する辺の上だけとしておきます。まず、ユーザがデザインした取り出し口となる辺に関して、図5-25のように辺を分解します。

　取り出し口としてマークをつけた頂点列を $\{v_0, v_1, ..., v_n\}$ とすると、始点 v_0 と終点 v_n はそのまま残し、$\{v_1, v_2, ..., v_{n-1}\}$ の頂点を複製します。頂点 v_i, v_{i+1} をつなぐ辺を $e_{i, i+1}$ とすると、もとの辺 $e_{i, i+1}$ のほかに、新しい辺 $e'_{i, i+1}$ を生成し、もとの辺 $e_{i, i+1}$ に属していた面を左右に分割します。この取り出し口の頂点列、

$$V_{opening} = \{v_0, v_1, v_2, ..., v_{n-1}, v_n, v'_{n-1}, v'_2, v'_1\} = \{v_0, v_1, ..., v_k\}$$

を保持してシミュレーションに使用していきます。

....

[9]　この方法は1つの凸包形状のときにうまくいく方法で、5-5節のような複数の凸包を組み合わせたような複雑な形では、このようなシンプルな計算で取り出しテストをすることはできません。

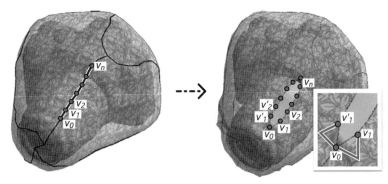

(a) ユーザのデザインした取り出し口　　(b) 取り出し口のメッシュを分割

図5-25　ユーザのデザインした取り出し口のメッシュを分解する

　取り出しテストは、以下の2ステップを、カバーが取り出されるか否かが判定されるまで繰り返し行っていきます。

1. カバーの取り出し口の頂点列を、取り出し口の境界方向とは垂直方向に、凸包上を滑らすように少し動かして広げていく。
2. カバー全体にリラクゼーションを適用して、伸びすぎないようにシミュレーションしてカバー全体を動かす。

　この取り出しテストには、入力した3次元モデルをリサンプリングした凸包を利用します。このことで、取り出し過程が簡単になり、複雑な凹凸を持つ入力モデルでも簡単に扱うことができます。凸包は常に入力モデルを包み込む形状であるため、取り出しテストの結果は常に保守的な結果が返ってきます。つまり、仮想的な取り出しテストが成功したら、実際の取り出しに関しても必ず成功します。一方で、仮想的な取り出しテストが失敗になったとしても、現実世界では回転させたり、カバーの生地によっては伸び率が異なったりすることで、取り出せる場合もあります。

5-6-1　取り出し口の移動

　それぞれの繰り返しサイクルにおいて、システムは、まずカバーの取り出し口の頂点列 $V_{opening}$ を、取り出し口の境界方向とは垂直方向に凸包の上を滑らせるように広げていきます。取り出し口の頂点列 $V_{opening} = \{v_0, v_1, \ldots, v_k\}$ に対して、ベクトル $vec_i = v_{i+1} - v_i$ を計算していきます。頂点 v_n に対するベクトル vec_n は $vec_n = v_0 - v_n$ とします。また、頂点 v_i に対して凸包上の一番近くの頂点である v_i^{ch} を保持しておきます。これを用いて、頂点 v_i の

移動方向ベクトル $move(v_i)$ は、外積を用いて、

$$move(v_i) \,=\, vec_i \,\times\, (v_i - v_i^{ch})$$

と計算することができます。一度に進みすぎるのを防ぐために、$\gamma\,move(v_i)$ ずつ移動させることとし、$\gamma = 0.005$を使っています。

　移動させるときには、動かしたカバー上の頂点 v_i が凸包の内部にめり込んだ場合、図5-26のように、その頂点 v_i を凸包の外側に押し出すようにします。これによって、カバーが凸包の内部にめり込まないように処理することができます。

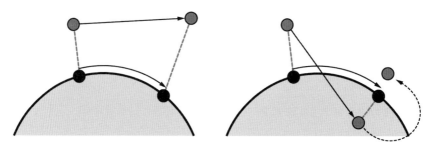

図5-26　それぞれの頂点は近くのメッシュ上の頂点を参照しており、
頂点がモデルのなかに入り込んだときには、外に押し出す

　次に、単純に取り出し口の境界から頂点を少しずつずらしていきます。すると、小さなしわや、取り出し口の形状付近の布の折れなどが表現できます（図5-27(a)）。システムは、同図(b)のように、カバー上のすべての頂点を取り出し口の境界付近の頂点と一緒に動かしていきます。その後、カバーを物体から取り去るために、同図(c)のように、3次元方向ベクトルを定義して動かしていきます。

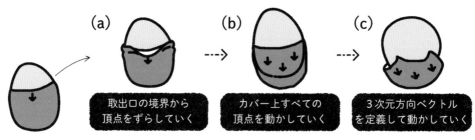

(a) 取出口の境界から頂点をずらしていく　(b) カバー上すべての頂点を動かしていく　(c) 3次元方向ベクトルを定義して動かしていく

図5-27　頂点を動かす

まず、カバー形状上の頂点 $v_k \notin V_{opening}$ に対して、取り出し口までの最短距離、

$$distance_k = \min_{v_k \notin v_{opening}} d(v_k, v_i) \ (v_k \in V_{opening})$$

を計算します。また、この頂点 v_k に対して最短距離 $distance_k$ を与える取り出し口上の頂点を v'_k とし、その移動ベクトル $move(v'_k)$ を利用して頂点 v_k を動かします。カバー形状上の頂点 $\{v_k\}$ から取り出し口までの最短距離 $\{distance_k\}$ の最大値を $distance_{max}$、最小値を $distance_{min}$ としたときに、v_k に対してこの最大値と最小値を補間するような値 η を以下で求めています。

$$\eta = 1 - \frac{distance_k - distance_{min}}{distance_{max} - distance_{min}}$$

これを用いて、頂点 v_k の移動ベクトルを $\eta \ move(v'_k)$ として、取り出し口上の頂点以外の、メッシュ全体の頂点を動かしていきます。これにより、取り出し口に近いほど大きく動き、遠いほどあまり動かないようなシミュレーションを設定することができます。

COLUMN13 3次元モデルの洋服を動かす

　カバーデザインでの取り出しテストでは、頂点を同じ方向ベクトルを用いて動かしました。同様に、頂点の動かす方向ベクトルを工夫することで、洋服全体をドラッグしている論文[10]もあります。そちらでは、図5-28のように、頂点を動かす方向ベクトルを物体のサーフェスに対して接線方向になるように調整して動かしています。こうすることで、3次元キャラクターに洋服を着せたときなどに、図5-29のように洋服を3次元キャラクター上で滑らせるように動かすことができます。

図5-28　頂点全体をそれぞれのサーフェスの接線方向に動かすことで
3次元物体の上を滑らせるように動かすことができる

---

[10] T. Igarashi and J. Hughes. "Clothing Manipulation", User Interface Software and Technology, pp. 91-100, 2002.

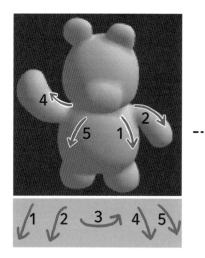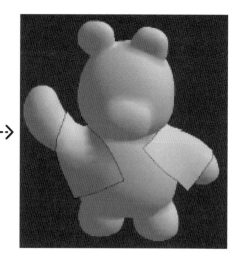

図5-29　3次元キャラクター上の洋服を操作する論文

5-6-2　全体のリラクゼーション

　カバー形状の頂点全体を動かし終わったら、今度はカバー形状に対してリラクゼーションを適用して、辺が伸びすぎないように調整していきます。

　まずそれぞれの辺 $e_{i,j}$ に対して、目標となる長さ $target(e_{i,j})$ を設定します。ここではもとのカバー形状の状態の辺 $e_{i,j}$ の長さ $d(v_i, v_j)$ を用いて $target(e_{i,j}) = d(v_i, v_j)$ と設定しておきます。

　第1ステップ（p.113参照）が終わったあとのメッシュ上の辺 $e_{i,j}$ に対して、$target(e_{i,j})$ と長さの比較をし、$e_{i,j} \leq target(e_{i,j})$ だったらなにもしません。これは、カバーは布であるため、しわを寄せればどこまでも縮められることを表現するためです。目標とする長さよりも伸びていたら、つまり $e_{i,j} > target(e_{i,j})$ だったら、次の式で縮小率 λ を計算します。

$$\lambda = \frac{d(v_i, v_{i-1}) - target(e_{i,i-1})}{\mu \, d(v_i, v_{i-1})}$$

　ここでWrappyでは、$\mu = 4.0$ として処理しています。頂点 v_{i-1} は移動ベクトル $vec = (v_{i-1}, v_i)$ を用いて、$\lambda \, vec = (v_{i-1}, v_i)$ だけ移動します。また、頂点 v_i は移動ベクトル $vec = (v_i, v_{i-1})$ を用いて、$\lambda \, vec = (v_i, v_{i-1})$ だけ移動します。

5-6-3　終了条件

　取り出しテストの終了条件は、リサンプリングされた凸包のそれぞれの頂点がまだカバーに覆われているか否かをチェックしています。システムは、まず凸包の表面から法線ベクトル方向に探索して、カバーとの交点が存在するか否かをチェックします。もし交点が存在したら、まだカバーに覆われていると判断します。カバー上のすべての頂点が凸包の片側だけに存在する状態になったときに、取り出しが成功したと判断します（図5-30）。

　具体的には、入力モデルの凸包上の取り出せていない頂点の法線ベクトルの平均と、それぞれの頂点の法線ベクトルとの角度を計算し、すべての角度が90度以下であれば凸包の取り出しに成功したと判断します。この判定手法は、カバー形状が凸包であるためうまくいく手法です。カバーで覆われている頂点数が一定回数以上変化しない場合に、ひっかかって取り出せないと判定します。

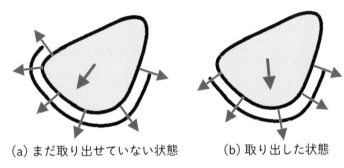

(a) まだ取り出せていない状態　　(b) 取り出した状態

図5-30　取り出しテストの終了判定

　ここでの計算は、物理的には必ずしも正しくありませんが、型紙をデザインするには十分な計算になります。一方、物理的に正確に計算するには、大規模な計算が必要でインタラクティブなシステムにはできません。将来的にPCの性能が向上して計算がとても速くできるようなPCが一般家庭にも普及するようになったら、正確な物理計算をしながらインタラクティブなシステムを作ることができるかもしれません。

COLUMN14 赤ちゃんの洋服デザイン

　家政学部の先生にこのカバーデザインのシステムを見せたところ、とある学生さんの卒業製作のお話を聞かせていただきました。その学生さんの卒業製作は「赤ちゃんが着る洋服をデザインして、実際に縫製まで行う」というものでした。学生さんは時間をかけてデザインを行って、布を裁断して縫い上げたのですが、実際に赤ちゃんに着せてみようとしたところ、赤ちゃんの頭が大きすぎて首回りが通らず、着せることができなかったとのこと。とっても頑張ったのにうまくいかず、泣いてしまったそうです。

　赤ちゃんの体は、割合として頭が大きくなっています。そのため赤ちゃんの洋服は、図5-31のように首回りにボタンが付いていたり、前合わせになっていたりします。本章で触れた試着シミュレーションや取り出しテストを応用した形でシステムが支援できれば、実際に着ることができるか否かを現実世界で縫う前にテストできます。システムによるデザイン支援は、こういった失敗を事前に防ぐことができますね、というお話でした。

赤ちゃんの頭が
通りやすいように
首周りにボタンが
付いている

図5-31　赤ちゃんの頭は体に対して大きいので、首回りも広くとる必要がある

Chapter 6
ビーズ細工×経路計画

6-1 ビーズのテディベアのつくりかた

6-1-1　一般的なつくりかた

このような作品を、見たことがありますか？

図6-1　ビーズ細工のくまさん

これは"ビーズ細工"と呼ばれるもので、小さなビーズ一つ一つを1本のワイヤー（テグス）でつないで、立体的な作品を作っていきます。図6-2のような製作手順が書かれたイラストを頼りに作っていくもので、手芸関連ショップなどに製作キットが売られています。

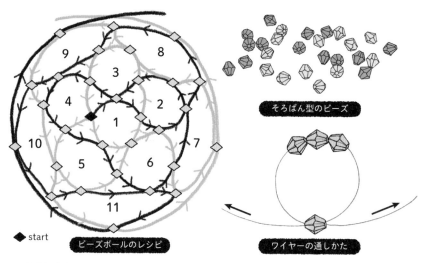

図6-2　専門家がデザインした説明図。通常はこれを見ながら、一つ一つのビーズをワイヤーに通して作っていく。

ビーズの製作キットを購入してきて作る。これが、ビーズを趣味として嗜む人の常でした。はたして、ビーズも初心者が自分だけのオリジナル作品をデザインすることはできないのでしょうか？

　こういった立体ビーズ細工は、できあがりの形状は3次元的で、ビーズとワイヤーの複雑な構造で決まるので、デザインをするのは難しいのが現実です。ぬいぐるみという立体を型紙という平面から設計するのは歪みが生じるため大変だという話をChapter 4でしましたが、ビーズはバラバラのものを1つにつなげていく作業なので、また違った大変さがあります。一つ一つのビーズは図6-2のように穴があいていて、そこへワイヤーを通して作っていきます。ビーズを複数個通したあと、左右から同じビーズにワイヤーを差し込んでぎゅっとしばると1つの面ができあがります。

　作っていくときには、図6-2左のような「レシピ」と呼ばれる製作図を見ながらビーズにワイヤーを通していきます。中央にある「1」という番号の左側にある、黒いビーズが編みはじめの位置です。この黒いビーズに対して、上側から黒、下側から灰色の線が出ています。これはワイヤーの左右と対応しているので、左右どちらのワイヤーにビーズを何個通していくのか、この図を見ながら作っていくというわけです。1～11の番号は、ワイヤーを通す順序を表しています。

　ビーズを通す順序がわかりやすいように、レシピではビーズとビーズが離れた位置で描かれていますが、実際に製作していくときは、隣り合ったビーズは図6-1のようにくっつけていきます。図6-2の右下のように、ビーズを左右から通してぎゅっとひっぱるとビーズどうしがくっつき、立体的になっていくというわけです。

　立体ビーズ細工が作りたいときには、ビーズの書籍を買ってきたり、製作キットを買ってきたりして、すでに専門家によってデザインされたものを真似て作っていくことがほとんどです。それでも書かれている製作手順は平面であるのに対して、製作している途中経過のものは立体的なので、製作途中で最後まで作ることを断念してしまう人も多いでしょう。

　ビーズデザインの専門家がどのようにデザインをしているのかというと、これまでに作ったことのあるデザインを参考に、ビーズを入れたり、ほどいたりを繰り返しながら、メモをしていき作っていくとのことです。基本的にビーズはキャラクターなどをデフォルメして作っていくので、丸や楕円、円筒などの基本パーツの作りかたは定番の作りかたを利用するそうです。くまのような場合には、耳、顔、などの突起パーツと本体パーツに分解して、耳だけを作り、顔だけを作り、そのあと耳を顔にくっつけて止める、といった作りかたをする場合もあります。また、3mmビーズ、4mmビーズ、5mmビーズなどサイズの異なるビーズを組み合わせて、凹凸を表現していくような作りかたもあります。

　経験があっても試行錯誤が必要な、とても大変なビーズデザイン。ビーズ会社はレシピだけでなく、ビーズもお客さんに買ってもらうためにも、自社のレシピには自社のビーズをメインに使うようなレシピを考案することもあるそうです。

立体的なビーズ細工をデザインすることの難しさをわかっていただけたのではないでしょうか。ビーズの配置だけでなく、それを作るためのワイヤー通し手順も手作業で考えるのは難しいので、初心者がちょっとビーズを買ってきて「自分だけのオリジナルなビーズ細工を作ろうかな」という試みはとても難しいものです。そのため、ビーズデザインの専門家によるデザインを真似ることが主流となっています。

6-1-2　コンピュータを用いたつくりかた

ここでは、3次元ビーズ細工のデザインおよび製作のためのインタラクティブなシステム**Beady**（ビーディ）を紹介します。

ユーザは、まずビーズ細工の構造を表すデザインモデルを作っていきます。Beadyでは単一種類のビーズを使ってデザインすることを仮定しており、3次元モデルの辺をビーズに対応させています。つまり、「すべての辺の長さが等しいモデリング」をすればビーズ細工ができあがる、というわけです。

このシステムでは、図6-3のように、ユーザがジェスチャーを用いて構造をデザインできるインタフェースを考案しています。システム内部では、ユーザのモデリング中、常に近傍のビーズやテグスとの物理制約を考慮して計算しており、3次元モデルの頂点はこのシミュレーションによって自動的に決定しています。

Beadyでは、実際のビーズ細工を製作するために、図6-4のような1ステップごとの製作手順ガイドを提示します。従来の書籍などでは、図6-2に示したような2次元の作成図が使われていますが、2次元上（作成図上）のビーズと実際に手もとにあるビーズとの対応関係を追いながら製作する必要があります。なかなか煩雑で難しい作業であり、実際に完成させるのはとても大変です。

Beadyの製作手順ガイドは、インタラクティブな3次元グラフィックスの長所を活かしたものです。ユーザはそれぞれのステップを任意の方向から見ることができますし、表示されている立体は手もとで作っている実際のビーズとほぼ同じ見ためです。これによって、初心者でも製作手順を理解するのが簡単になります。Beadyの内部では、ユーザがデザインし終わった3次元モデルから適切なワイヤー経路が自動計算され、その経路を1ステップずつ3次元グラフィックスで表示しています。ユーザは「next」ボタンを押すと次のステップを、「prev」ボタンを押すと1つ前のステップに戻ることができます。

図6-4をしっかり見てみましょう。製作手順ガイドは、長いワイヤーの中央にビーズを通すところから始まります（同図(a)）。最初に、システムは必要なワイヤーの長さを計算してユーザに提示します。また、ワイヤーの色は、片方が青、片方が赤で表示されています（本書では灰

色と黒）。ユーザはガイドを見ながら、青か赤で表示されているワイヤー端にビーズを通すことを繰り返していきます。同図(b)〜(f)に表示されている輪になっているワイヤーは、赤と青のうち、そのステップでどちらが使われているかを示しています。また、同図(b), (c), (d), (f)で使われている矢印は、新しいビーズを追加することを示しています。矢印のない同図(e)では、すでに使われているビーズにワイヤーで通しています。

図6-3　ジェスチャーインタフェースを用いて構造をデザインすると、
オリジナルなビーズ細工をデザインできるシステムBeady

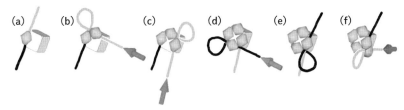

図6-4　実際に製作するための3次元コンピュータグラフィックスによる製作支援

　Beadyを使うことで、ビーズづくりの経験がない初心者でも、オリジナルな立体ビーズ細工をデザインして作り上げることができます（図6-5）。ビーズのほかにも、同一な長さのプリミティブをつなげて作成する他作品にも応用することができます。図6-6はストローアートの例ですが、ほかにも、コルクや木材をつなげて作品を作ることもできます。

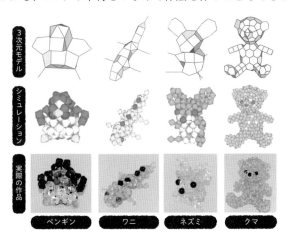

図6-5　Beadyシステムでデザインした結果

図6-6　ストローアートの例。単一の長さのものであれば、Beadyでデザインできる

この章では、Beadyのしくみを通じて、経路探索とレンダリングについて学んでいきましょう。

やりたいこと：　ビーズ細工をコンピュータでデザインして製作する
制　約　条　件：　辺の長さが単一なメッシュモデリング、作りやすいワイヤー経路問題
この章で学べること：　`経路探索`　オイラーグラフ・ハミルトンパス・フォトリアリスティッ
クレンダリング

COLUMN15 既存のビーズ細工の観察

　Beadyの研究を始めたきっかけは、クリスマスシーズンに街を歩いていて見つけたショーウィンドウから見えた、ビーズのくまさん親子でした。スワロフスキーで作られた、キラキラしたビーズデザインのくまさん。大小のペアでとってもかわいかったのですが、スワロフスキーというガラスのビーズを使っていたので、とっても重たいうえに高級。くまさんを観察しながら、これを題材にしてコンピュータでデザインできないかな？　手近なビーズで作れないかな？　と思ったのがきっかけです。

　Beadyを研究・開発するにあたって、まず、既存のビーズ細工を書籍やお店などで調査することから始めました。その結果、3次元ビーズ細工は辺の長さがすべて等しい**閉じた多様体（closet manifold）**をしていることがわかりました。ほとんどの面が4～6本の辺で構成されており、三角形はめったにないこともわかりました。**非多様体（non-manifold）**の構造をした直線のビーズ列も時折用いられてはいますが、これ

は主となる多様体にくっついて使われていることが多いこともわかりました。

　ほとんどのビーズ細工は、頭・胴体・腕・足などいくつかのパーツに分解されていて、それぞれを1本のワイヤーで製作していきます。ワイヤーは、それぞれのビーズを左側の面、右側の面を固定するために、2回ずつ通っていきます。そして、ほとんどのビーズ細工は100～200個のビーズで製作されており、ビーズの数が200個を超えるものはまれであることもわかりました。

　ビーズ細工の作成図には2次元が用いられており、先にも述べたように、長いワイヤーの中央にビーズを1つ入れるところから始まっていました。それぞれのワイヤーの端を、ビーズに1つずつ通していくようになっています。2つのワイヤーの端は色で区別されており、一方は青、もう一方は赤で表示されることが多いです。製作図を観察すると、1つの面に対応するビーズを、赤と青のワイヤーを使って閉じていくようになっていました。

　こういった観察を経て、Beadyができあがっていきました。

6-2　ビーズ細工における制約とデザイン

　Beadyでは、ビーズを辺に対応させることと、すべて単一の長さのビーズ（例：4mmサイズのソロバン型）を使うことを制約にして、ビーズデザインを「すべての辺の長さが等しいポリゴンメッシュをデザインする」という問題として解いています。

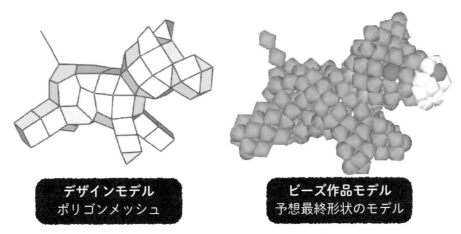

デザインモデル
ポリゴンメッシュ

ビーズ作品モデル
予想最終形状のモデル

図6-7　Beadyではメッシュの辺にビーズを対応させることで、
すべての辺の長さが等しいメッシュをデザインする問題を解いている

6-2-1 ジェスチャー入力による形状デザイン──オイラーの多面体定理

　すべての辺の長さが等しいポリゴンメッシュと言うと、正多面体が思い浮かぶのではないでしょうか。Beadyでは、図6-8のような、**正多面体**および**半正多面体**を基本形状（プリミティブ）として用意して、これを組み合わせたものをデザインの出発点とすることにしました。通常の3次元モデリングソフトで、基本形状として球・直方体・円柱といった形が用意されているのと同じです。すべての基本形状は、等しい長さの辺から成り立っています。

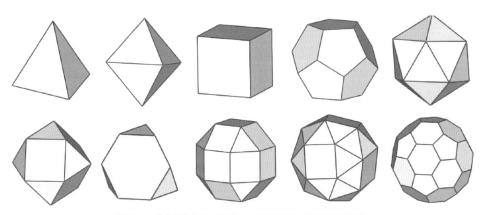

図6-8　基本形状として用意した正多面体および半正多面体

　正多面体とは、すべての面が同一の正多角形で構成されており、すべての点に接する面の数が等しい**凸多面体**のことを指し、正四面体・正六面体、正八面体、正十二面体、正二十面体の5種類があります。

　「すべての辺の長さが等しいもの」には、身近なものだとサッカーボールがあります。サッカーボールは、図6-9(b)に示すように、正五角形12枚と正六角形20枚から成る「半正多面体」です。正五角形と正六角形の辺の長さは同一なので、この多面体を構成する辺の長さはすべて等しいことになります。この形状の辺にビーズを対応させると、同図(c)のようになります。

　半正多面体は全部で13種類ありますが、Beadyにはビーズ形状に適していると思われる5つの形状を取り入れています。基本形状が多くなりすぎると、ユーザインタフェースの観点から使いづらくなってしまうので、既存のビーズ細工を観察してよく使われている形状をピックアップしました。

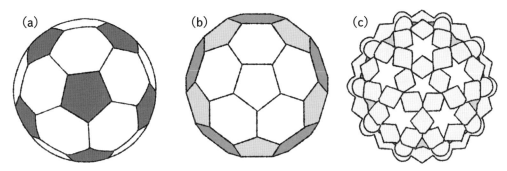

図6-9　サッカーボールもすべての辺が等しい形状（半正多面体）をしている

　さて、ユーザは基本的なメッシュ編集操作（面の押し出し、辺の挿入、辺の分割、辺の削除、頂点の併合）を組み合わせて、デザインを編集していきます。Beadyでは、これらの編集操作を素早く簡単に行うために、図6-10のようなモードレスジェスチャーインタフェースを用いています。たとえば、面をクリックすると、選択されているほかのプリミティブをその面へくっつけることができます。面同士をくっつけたときの形状は、コンピュータが自動的に計算します。また、面をスイープした形を作りたい（面を押し出したい）ときも、辺の長さが一定という条件を利用すれば、コンピュータは新しい頂点の位置を自動的に算出できます。ほかの操作に関しても、システムの内部で「常に単一の辺の長さになる」ようにシミュレーションすることで、ユーザの操作に応じて幾何学形状を更新することができます。

　ユーザは、新たな頂点の位置を自分で設定する必要はありません。画面を見ながら、「この面は押し出したいな」「ここはほかの図形とくっつけようかな」など、直感的にモデリングできるというわけです。

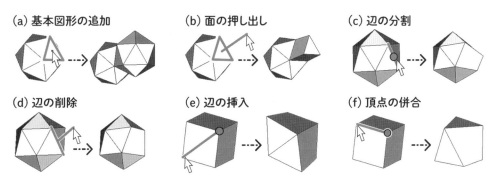

図6-10　Beadyのモードレスジェスチャーインタフェース

具体的には、以下のような操作ができます。

- **面の押し出し**：面からスタートして線を描くと、面が法線ベクトル方向に押し出されます（図6-10(b)）。Beady は、押し出したい多角形の側面に正方形の**面ストリップ**（**face strip**、**帯状連結面**）を用いて面を持ち上げて生成します。
- **辺の分割と消去**：辺をクリックすると、辺が分割されます（同図(c)）。また、辺からスタートして線を描くと、その辺が消去されます（同図(d)）。辺の分割は、選択した辺の中央に新しく頂点が追加され、2つの辺に分割されます。辺の消去は、選択した辺を消去して、両側の面を1つの面に併合します。
- **辺の追加と頂点の併合**：頂点から違う頂点に向けて線を描くと、辺の追加（同図(e)）か頂点の併合（同図(f)）が行われます。選択された2つの頂点が辺で接続されている場合は、その辺が消去され2つの頂点が併合されます。2つの頂点が辺で接続されておらず、かつ同じ面を持つ場合は、システムは新しい辺を作成して面を2つに分割します。その他の場合にはなにも行いません。

さて、穴のあいていない多面体、つまり球面と位相同型である多面体については、頂点、辺、面の数について、

$$(頂点の数) - (辺の数) + (面の数) = 2$$

が成り立ちます。これを**オイラーの多面体定理**（**オイラーの多面体公式**）と言います。

上述した面の押し出しや頂点の併合などによるメッシュ編集は、常にオイラーの多面体定理を満たしており、これらの操作によって編集されるメッシュの位相は常に球面と位相同型であることが保証されます。大局的な形状は基本形状の組み合わせで作り、局所的な形状をこれらのメッシュ編集操作でデザインしていくことで、ビーズ細工をデザインしていきます。ビーズ細工では、しばしば閉じたポリゴンでは表現できないような部分が存在します。すべてのケースをBeadyでサポートするのは難しいため、図6-11のように、ビーズの列（線状突起）でできた形状のみサポートできるようにしました。ユーザが頂点からなにもない部分へ向けて線を描くと、システムはその頂点から辺を生成します。線状突起の先に、ループや枝のようなものは作れません。

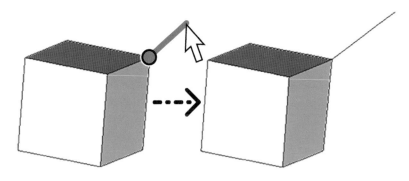

図6-11　線状突起の追加

　また、位相が球と同相ではないものも、作ろうとすれば作ることができます。たとえば、図6-12のように面と面をつなげるジェスチャーを行うことで、その2つの面が同じ n 角形だった場合には合わせた形状を作ることができます。この場合、メッシュとしてはドーナッツと同相になり、球とは位相が異なることになります。ポリゴンメッシュとしてはドーナッツ型であることがわかりますが、図6-12右図のようにビーズモデルになった際には、ドーナッツ型であることがわかりづらくなります。ビーズデザインとしては、あまり使われていない形です。

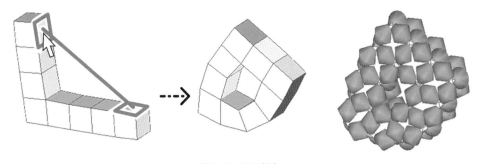

図6-12　面の併合

6-2-2　すべての辺の長さが等しい多面体を保つために──シミュレーション

　ユーザがこれらの操作をしたあと、全体の形状の制約を保つために、システムは物理シミュレーションで「すべての辺の長さが等しい多面体」を保っています。物理シミュレーションでは、ユーザがデザインしたモデルから、ビーズとなる辺とワイヤーとなる辺を分割したより詳細な構造モデルを作成します（図6-13）。物理シミュレーションを適用するのは、後者の構造モデルのほうです。

シミュレーションでは、構造モデルの頂点に3つの力を与えています。1つめは、辺が望む長さになるようなバネの力です。「望む長さ」には、ビーズ辺（bead edge）ならビーズの長さを、ワイヤー辺（wire edge）なら0を設定しています。2つめの力は、角のワイヤーがまっすぐになろうとする力です。Beadyでは、ワイヤー辺（wire edge）とビーズ辺（bead edge）の接続角を計算し、それが可能な限りまっすぐになるように力を加えています。3つめの力は、隣り合うビーズが突き刺さらないようにする、反作用の力です。

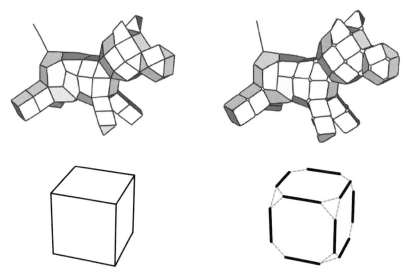

図6-13　デザインモデルから構造モデルを作成してシミュレーションしている

6-2-3　見た目をデザインする

　形状デザインのほか、図6-14のように、見た目のデザインとして色塗りをするペイントツールも設けています。マウスで選んだビーズだけを塗るモードと、塗りつぶしモード「Fillモード」を設けています。Fillモードでは「接続関係にあるビーズが同じ色であれば、塗りつぶしを行う」という、通常のペイントソフトにおける塗りつぶしモードのアルゴリズムを表面形状に適用しています。

　また、Beadyは、ビーズが同じ大きさであれば、そろばん型のビーズではなくラウンド型のビーズでもデザインできるようにしました。これを使うことで、動物の目や鼻といったパーツをデザインしやすくなります。このビーズモデルは、あらかじめモデリングをして、システムに**objファイル**[1]として保持してあります（図6-15）。

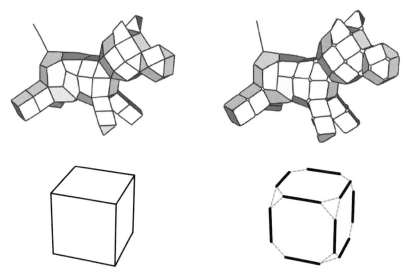

- -

[1]　3次元CGを構成するファイル形式の1つ。オブジェクトの頂点座標や頂点の番号などの情報が記述されています。

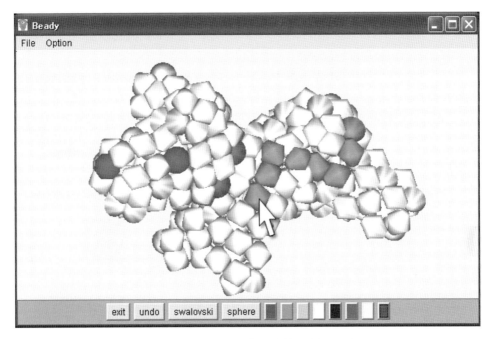

図6-14　ペイントモードを使って色塗をデザインできる

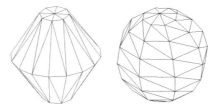

図6-15　そろばん型ビーズとラウンド型ビーズ

COLUMN16　なぜ辺をビーズにしたのか

　ビーズ細工をコンピュータでデザインするために、その形状を、3次元メッシュと呼ばれる頂点・辺・面の組み合わせで表現していることはわかっていただけたと思います。具体的にはどのようにしてこのシステムができたのでしょうか。

　最初に思いついたのは、3次元ボリュームデータのように、立体ドット絵を描くイメージでデザインするシステムでした。上下のレイヤーを行ったり来たりしながら描く、3次元ドット絵エディタです。2次元に展開したビーズの配置を、手作業によってワイヤーでつなげていき、その情報をもとにシミュレーションをしていました（図6-16）。

しかし、これも「どこを接続する」という情報をシステムにどのように持たせたらよいか、すべての辺の長さが等しい制約をどのように与えていくとよいか、そのあたりが解決せずにあっという間に1年が過ぎていきました……。

次に思い付いたのが、頂点をビーズ、辺をワイヤーとして3次元メッシュを作ればいいのでは？ ということです。実ビーズとビーズをつなぎたいところに辺を生成して、頂点を半径付きの特別な頂点と見立てて、実装を進めていきます。ところが、うまくいきません。メッシュにおける面の扱いをどのようにしたらよいかも、さっぱり見当がつきません。

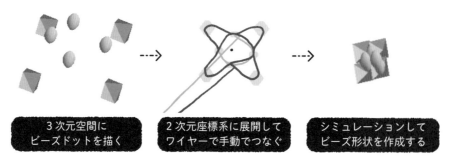

図6-16　ドット絵のように3次元空間にビーズドットを描いて、
展開した2次元のビーズをワイヤーでつなげていってシミュレーションする初期のプロトタイプ

このような試行錯誤を経ながら、実物のビーズをよく観察しているうちに、「ビーズを辺に配置したらうまくいくのでは？」と思いつきました。「ビーズを辺に」。これは直感とはちょっと異なると思うのですが、既存のビーズモデルの構造を観察すると、1つのビーズに対して2つの面が作られています。これが、3次元メッシュの辺に着目したときの、左右に付く面に見えたのです[2]（図6-17）。

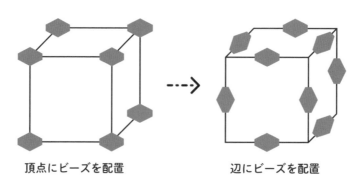

頂点にビーズを配置　　　　　　　　　辺にビーズを配置

図6-17　ビーズを3次元モデルに辺に対応させるよう変更したらアルゴリズムがうまくいった

---

[2] 複数の折り紙のパーツを組み合わせて作るユニット折り紙（くす玉など）の多くも、ビーズ細工と同じように、頂点ではなくて辺に折り紙を配置した構造をしています。

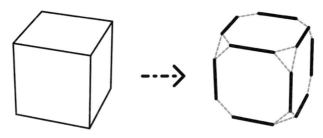

図6-18　辺をビーズにして、それを接続するリンクとして頂点を扱う。
実線がビーズの辺で、破線がワイヤーの辺。

　辺をビーズにすると、図6-18右図のように、実線の辺はビーズ、破線の辺はワイヤーに対応します。ここで、破線で囲まれた面を、左側の多面体における頂点として扱うことができれば、「すべての辺の長さが等しい多面体をデザインする」という問題を解くことになり、コンピュータで扱いやすくなることに気づきました。このようにして、Beadyはできていきました。

　一見当たり前のように思われていることを、入れ替えてみる。そうすると、そこには新たな構造が生まれ、違った意味を持ち始めます。Beadyでは、後述する「既存モデルからビーズモデルへの変換」のアルゴリズムでも、頂点と面を入れ替える作業を行っています。当たり前のことを疑ってかかる、これが技術の新発見につながる第一歩でもあるのです。✂

 # 6-3　つくりやすい経路を求める

　ビーズモデルのデザインが完成したら、実際に作るために、ワイヤー経路探索を行う必要があります。Beadyでは、以下を満たすようにワイヤー経路を設定しています。

1. ビーズを固定するために必要最小限の回数を通ること。
2. ワイヤーの結び目の数を減らすために、ワイヤーの本数を最小限にすること。
3. 製作途中のビーズ細工において、できる限りビーズが安定した状態になること。

6-3-1　一筆書きできる経路の生成――オイラーグラフ

　ワイヤー経路は、ビーズを効率的につなぐために適切に設定されなければなりません。1本のワイヤーを通していく作業は、一筆書きしていく作業とも言えます。ここで、1.7節の最小木の説明で触れた**グラフ理論**を考えてみると、一筆書きできる図形とは、頂点に着目したときの辺の数で判断することができます。

　ある**グラフ**があったときに、そのグラフのすべての辺を通る路のことを**オイラー路**と言います。また、すべての辺をちょうど1度だけ通る閉路は、**オイラー閉路**と呼ばれます。グラフの辺をすべて通るようなオイラー閉路を持つグラフのことを**オイラーグラフ**（Eulerian graph）と言います。また、グラフの辺をすべて通るような、閉路ではないオイラー路を持つグラフのことを**準オイラーグラフ**と言います。

　つまり、オイラーグラフと準オイラーグラフは、一筆書きが可能になります。頂点につながっている辺の数を**次数**と呼びますが、この数が偶数であるか奇数であるかに着目をすることで、あるグラフGに対して、次が成り立ちます。

G がオイラーグラフ：Gのすべての頂点の次数が偶数（運筆が起点に戻る場合、つまり閉路）
G が準オイラーグラフ：Gの頂点のうち、次数が奇数であるものがちょうど2つ（運筆が起点に戻らない場合、つまり閉路ではない）

　準オイラーグラフの場合には、次数が奇数である片方の頂点から出発し、もう片方でゴールするような一筆書きが可能になります（図6-19）。

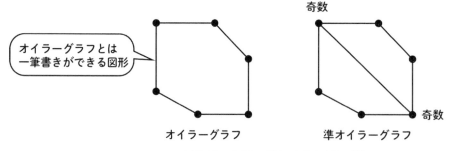

図6-19　オイラーグラフと準オイラーグラフ

　Beady では、オイラーグラフを生成してワイヤー経路設計の計算を行っています。図6-20(a)のようなデザインモデルがあったとき、まずは同図(b)のような、実線で示すビーズの辺と、破線で示すワイヤーの辺を分けた構造モデルを作成します。続けて、ワイヤーに着目するために、同図(c)のようにビーズを頂点としてとらえた「ワイヤーグラフ」を生成します。

求めたいワイヤー経路は、すべてのワイヤー辺（wire edge）を1回と、すべてのビーズ辺（bead edge）を2回通るループです。これは、同図(c)のように、ビーズ辺を頂点として引き締めたグラフを作ったときに、ワイヤーはビーズに入ったら反対側から出るという制約付きのオイラーグラフとなります。すべてのビーズ辺は、4本のワイヤー辺を持つので、必ずオイラーグラフを満たすようなグラフとして作成することができます。そこで、オイラーグラフとして解くことで、これを一筆書きするような解を見つけることができます。

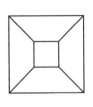 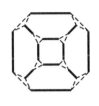 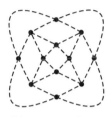 

（a）デザインモデル　　（b）構造モデル　　（c）ワイヤーグラフ　　（d）オイラーグラフ

図6-20　デザインモデルからのオイラーグラフの生成

6-3-2　面を1つずつつくり終えていく──ハミルトンパス

　ところが、ここで少し考えてみてください。オイラーグラフの途中経過を示すと、図6-21のようになってしまいました。これを実際に作ろうとすると、手で固定しておかなければいけないビーズが多数発生してしまい、セロハンテープで机に固定しながら……というとても大変な作業になります。とても1人では手に負えません。

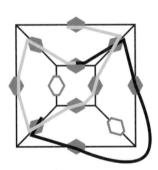

図6-21　オイラーグラフの途中経過

　どういうことかというと、オイラーグラフは、一筆書きの解が1つではないということです。オイラーグラフを紙で描いてみて、一筆書きをしてみてください。どこからスタートしても、違う経路を通っても、一筆で書けることに気づくでしょう。つまり、たくさんの解があるなか

から「作りやすい解」を求めなければ、理論上作れるものは提示できたとしても、実際に作ることはできないのです。

　ワイヤーによって、ビーズが特定の位置にしっかりと固定されたとき、これを安定した状態と呼びます。図6-22左側に示すように、面の全部のビーズを完成させたときは安定した状態で、右側に示すように、固定されていないときは不安定な状態です。不安定な状態のビーズは、ユーザが手で押さえながら製作しなければいけないので、たくさん発生すると実際に手動で作るのが非常に難しくなります。

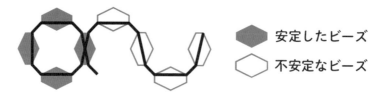

図6-22　製作している間の安定したビーズと不安定なビーズの状態

　実際のビーズの製作を見ていくと、図6-23のように、1つの面を終わらせてから次の面に進んでいきます。そこで、図6-23(b)のような**面ストリップ**を用いることで、不安定なビーズを減らすことができます。面ストリップでカバーされたデザインモデルは、ワイヤー経路において、面を1つずつ完成させていけばよいことになります。製作している間、すでにたどり終わった面は、図6-23(c)のように常に安定な状態になっています。

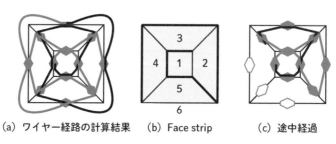

（a）ワイヤー経路の計算結果　　（b）Face strip　　（c）途中経過

図6-23　求めたい経路は面を1つずつ終わっていくような一筆書き

　全体を1つの面ストリップで覆っていくように計算していきます。全体を1つの面ストリップでは覆えないモデルの場合には、枝を作って面ストリップに戻ります（図6-24(b)）。この枝の部分は不安定な状態のビーズになるので、Beadyでは、枝は1つまでと制限しています。この手順を、すべての面がカバーされるまで、独立した枝つきの面ストリップを繰り返します。

　図6-25は、面ストリップを3次元モデル全体に計算した結果です。最初の面ストリップ（太い線）でほとんどの面を網羅できており、耳や腕などのパーツを、ほかの面ストリップでカバーしていることがわかるでしょうか。「枝のない1つの面ストリップを計算すること」は、デ

ザインモデルの面を頂点に変えたグラフを考えると、「グラフ上のすべての頂点を1度ずつ通る閉路」を求めたいということになります。これを**ハミルトンパス**（ハミルトン**閉路**）と呼びます。ただし、パスが存在することは保証されていません。

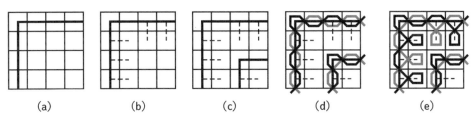

(a)　　　　　(b)　　　　　(c)　　　　　(d)　　　　　(e)

図6-24　面ストリップの生成過程

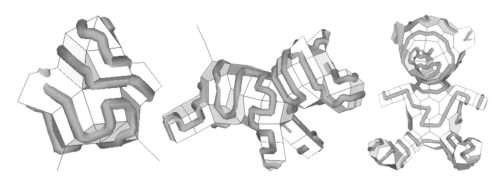

図6-25　面ストリップを3次元モデル全体に計算した結果。
厚みのある太い線が主の面ストリップで、細い線が枝を表す。

　ハミルトンパスを見つけるために、Beadyでは**貪欲法**（**greedy algorithm**、**欲張り法**とも言う）と**バックトラッキング法**（**backtracking**）による探索を使って、最初の面から隣り合う面へと面ストリップの最後を広げていきます。

　貪欲法とは、問題の要素を複数の部分問題に分割して、それぞれを独立に評価を行い、評価値の高い順に取り込んでいくことで解を得るという方法です。得られる解が最適解であるという保証はありませんが、膨大な計算が必要な問題に対する近似アルゴリズムであり、よく使われています。

　Beadyでは、候補となるいくつかの面のなかから、boundary lengthが最小となるような面を選択しています。boundary lengthは、現在の面ストリップと残っている面との間の辺の長さの和で表します。これにより、製作途中のビーズをできるだけ押さえておかずに済むようになります。

　行き詰まり（dead end）に陥った際には、**バックトラッキング法**（**backtracking**）を適用します。バックトラッキング法とは、問題の解を見つけるために、解の候補をすべて調べること

を効率よく行うための方法です。「手を進められるだけ進めて、それ以上は無理（もしくは、解はない）ということがわかると、一手だけ戻ってやり直す」という考えかたで、すべての手を調べる方法です。

　Beadyでは、この欲張り法による探索をすべての面から開始して、最も成功した結果を最終結果とし、ユーザにその経路を提示しています。

COLUMN17　ワークショップでの声

　こういった初心者を対象とした支援システムでは、システムを作るだけではなく、ワークショップなどを開催して実際に使ってもらい、フィードバックをもらっています。図6-26は、中学生を対象に、Beadyによるオリジナルビーズデザインのワークショップ[3]を開催したときのようすです。

会場のようす

CGでデザインの試行錯誤

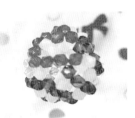
完成したビーズ作品

発表のようす

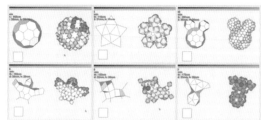
参加者のみなさんが作成したデザイン

図6-26　Beadyを使ったワークショップのようす

　デザインは簡単なマウス操作で描くことができます。参加者の皆さんは、はじめて触れる3次元CGのメッシュ画像を前に、戸惑いながらも楽しく試行錯誤を重ねて、思い思いのオリジナルモチーフを完成させました。また、製作手順ガイドで、1ステップずつCGによる手順表示を確認しながら、実際にビーズ細工も仕上げることができました。最後に、全員のオリジナルデザインを一人ずつスクリーンに写して紹介し、こだわったところや苦労したところなど、感想を発表しました。

---

[3] 日立財団 理工系女子応援プロジェクト2018「未来をつくるリケジョたち！」ワークショップ。東京・御茶ノ水のワテラスコモンホールで「コンピュータグラフィックスで"好き"をカタチに」をテーマに開催。

ワークショップでは、Beadyのしくみも簡単に説明しています。たとえば、使用したビーズがすべて同じ大きさで、「辺の長さが一定の多面体」としてシミュレーションしていることや、ワイヤーの通しかたの算出には、一筆書き理論であるオイラーの定理を使っていることなどです。こういったBeadyの内部における計算のしくみを聞いた参加者は、一見接点のなさそうな「手芸」と「数学」の関係に驚いていました。

　私の立場は、研究を進めるためにフィードバックをいただく、というものです。しかし、ワークショップに参加するみなさんにとっても、得るものがあるように心がけています。このときのアンケートにも「進路はまだ決まっていませんが、理系の楽しさをまた1つ見つけられたのでよかったです」「手芸が理系なのに驚きました」「今日のお話を聞いて埋糸もいいかなと思いました」などの声がありました。理系や文系といった分野にとらわれずに、興味のあること、知りたいことに果敢に挑戦してもらえたら嬉しいと思っています。

6-4 既存モデルからビーズ細工をデザインする

　既存モデルからビーズモデルを作成したいときもあるかもしれません。たとえば、スタンフォードバニー[4]のビーズモデルを作成したいときは、どのように処理すればよいでしょうか。図6-27に示すのは、既存の3次元モデルを入力してビーズモデルに変換した結果です。

図6-27　既存3次元モデルからビーズモデルへの変換

　Beadyでは、ビーズの数が辺の数に対応しています。そのため、辺の数を実際に作成可能な数まで削減しなければなりません（図6-28）。辺の数（または頂点の数）を削減した簡易的なメッシュを作成することを、**メッシュリダクション（mesh reduction）**と言います。短い辺

---

[4]　スタンフォード大学のグループによって公開されているCGの実験用3次元モデル。

を削減してメッシュ全体を整える（mesh beautification）という過程を、ユーザの欲しい辺の数になるまでメッシュ全体に繰り返し適用して、メッシュ全体の辺の数を削減していきます。

図6-28　3次元モデルから自動変換をしたい

メッシュリダクションの分野ではさまざまな研究[5]が行われていますが、これらの手法は、単一の長さのメッシュ生成には向いていません。また、シミュレーションなどのためにメッシュを単一の長さの辺に変換する研究[6]も提案されています。しかし辺の本数を削減したとき、つまり低解像度にしたときに、曲率の高い部分を維持することが難しいという欠点があります。Beadyでは、以下の制約が必要であることがわかります。

● 低解像度のメッシュ：辺の数＝ビーズだから。
● 辺の長さが同じ：同じサイズのビーズを使うから。
● 曲率の高い部分は維持：カタチを保ちたいから。

Beadyでは、入力した既存3次元メッシュに対してメッシュリダクションをしてから、六角形メッシュに変換するという処理を行っています（図6-29）。これをそれぞれ説明していきます。

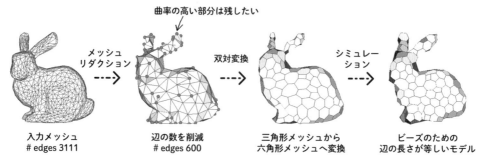

図6-29　既存3次元モデルからビーズモデルへ変換

[5] M. Garland and P. Heckbert. "Surface simplification using quadric error metrics", ACM SIGGRAPH, pp. 209–216, 1997. / D. Cohen-Steiner, P. Alliez, and M. Desbrun. "Variational shape approximation", ACM Transactions on Graphics, vol. 23, no. 3, pp. 905-914, 2004.

[6] G. TURK. "Re-tiling polygonal surfaces", Computer Graphics (in Proc. of SIGGRAPH '92), vol. 26, no. 2, pp. 55-64, 1992.

6-4-1　突起を残したメッシュリダクション

　メッシュリダクションは、メッシュの美化(mesh beautification)を適用しながら、最短エッジを削除することを繰り返していきます。Skinアルゴリズム[7]では、メッシュのもとの全体的な形状を維持しながら、エッジの長さと頂点の分布がほぼ均一なメッシュを得るために、位置と接続の調整を繰り返していきます。具体的には、最初に入力メッシュ(スケルトンメッシュ)のコピー(スキンメッシュ)を作成して、スケルトンメッシュを固定させておいたうえで、スキンメッシュの接続を更新しながら、頂点を周囲の頂点の中心に移動させていきます。

　ところが、このSkinアルゴリズムでは、スタンフォードバニーの3次元モデルを入力して辺の数を削減しようとすると、形状を維持できずに突起部分が欠けていってしまいます(図6-30)。

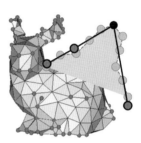

スケルトンメッシュ　　　**Skin アルゴリズム**　　　**Beady のアルゴリズム**

図6-30　スケルトンメッシュに対して、SkinアルゴリズムとBeadyアルゴリズムの比較。
スケルトンメッシュがスキンメッシュから飛び出てしまったときには、頂点をもとに戻す。

　そこで、Skinアルゴリズムに3つの変更を加えました。まず、エッジスワップのみを適用して、mesh beautificationの過程で、エッジ分割とエッジ縮小を適用しないことにしました。これにより、mesh beautification中にエッジの数が変更されなくなります。これは、入力メッシュのエッジが十分に短い場合にうまく機能するので、そうでない場合には、前処理としてメッシュのエッジを短くしておく必要があります。

　次に、効率化のために、スキンメッシュの頂点を移動させるときには、スケルトンメッシュの頂点を利用してその位置に移動させています。というのも、Beadyの場合にはスキンメッシュが非常に粗くなります。曲率の高い領域では、隣接するスキン頂点の中心がスケルトンメッシュの内側に入り込んでしまい、中心をスケルトンメッシュに押し出したときに、図6-31(a)のように、スキンメッシュが不均一になってしまいます。そこで、スキンメッシュの頂点近くのスケルトンメッシュの頂点を個別に評価して、スケルトンメッシュ上の適切な頂点をスキンメッシュの頂点に選択しています(図6-31(b))。

　具体的には、隣接するスケルトンメッシュの頂点ごとに、隣接するスキンメッシュの頂点

[7]　L. Markosian, J. Cohen, T. Crullil, and J. Hughes. "Skin: a constructive approach to modeling free-form shapes", ACM SIGGRAPH, pp. 393–400, 1999.

までの距離を計算し、最大値を選択します。次に、これらの最大値の最小値を返すスキンメッシュの頂点を取得して、そこへ動かしています。

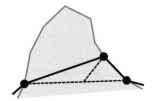

(a) もとのSkinアルゴリズムは、頂点を隣接する頂点の中心に移動し、スケルトンサーフェスに向けて押し出す

(b) Beadyでは近くのスケルトン頂点を個別に評価し、隣接するスキン頂点のなかで最大距離を最小にするものを選ぶ

図6-31　頂点の再配置

　最後に、スケルトンメッシュの突起がスキンメッシュから突き出ているケースを明示的に検出して、スキンメッシュを突起の先端までひっぱって覆っています。この問題が発生するのは、スキンメッシュの頂点は常にスケルトンメッシュ上に留まるものの、スキンメッシュの辺と面はスケルトンメッシュの内側に入る可能性があるためです（図6-30）。これを効率的に修正するには、各スケルトンメッシュの頂点から最も近いスキンメッシュの頂点までの距離を監視しておき、距離があらかじめ定義された閾値（入力メッシュのバウンディングボックスの2～5%）を超えると、スキンメッシュの頂点をスケルトンメッシュの頂点の位置に拘束しています。Skinの論文では、局所的な検索を使用して、各スキンメッシュの頂点に最も近いスケルトンメッシュの頂点を追跡しています。Beadyでも同じアルゴリズムを使用して、各スケルトンメッシュの頂点に最も近いスキンメッシュの頂点を追跡しています。

6-4-2　双対変換

　3次元メッシュには、通常、面が三角形から成るものが多く使われています。布シミュレーションのため、四角形メッシュで縦糸と横糸を表現するモデルを作ることもありますが、大半は三角形メッシュです。三角形である理由は、3点を決めれば平面が1つ決まるため、形状が歪むこともなく一意に決まるからです。よって、多角形のものをモデリングするときにも、三角形の集合としてデザインすることがほとんどです。

　ところが、既存のビーズ細工、とくに大きなものを観察してみると、多くが六角形の面で構成されていることがわかりました。そのためBeadyでは、六角形のメッシュをメインで使用することにしました。これは、六角形のメッシュ（ハニカムラティス）が最小のサポート材料で平面を保持するための最も効率的な構造であるためとも言えるでしょう。ハチの巣でも知られている「ハニカム構造」というものに近づきます。六角形メッシュへの変換は簡単で、単

純に、三角形メッシュの頂点と面を六角形メッシュの面と頂点にそれぞれ置き換えて生成しています（図6-32）。

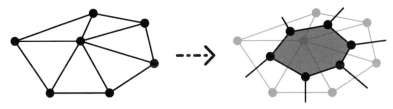

図6-32　頂点と面を入れ替えて、三角形メッシュを六角形メッシュにする

　このような三角形のメッシュの**双対変換（デュアル変換）**[8]として得られる六角形のメッシュは、物理シミュレーションを適用すると、図6-33に示すように、歪みを吸収するきれいなモデルができることがわかりました。一つ一つの面は平面ではなくなってしまいます[9]が、その代わりに「自由度の高い形状を少ない辺の総数でデザインできる構造」になったのです。

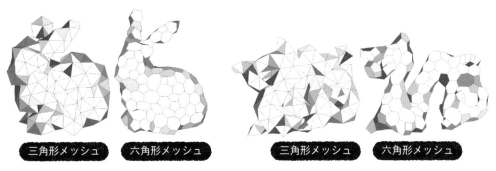

図6-33　物理シミュレーション後の三角形メッシュとほとんど六角形メッシュの比較

🔧 6-5　写真のようにかっこよく見せる──レンダリング

　ここまで説明してきた、Beadyによる形状のデザインは**モデリング（modeling）**に当たります。そして、モデリングで定義された3次元物体を、光の物理的な性質に基づいて描画することを**レンダリング（rendering）**と言います。また、光の反射・透過・屈折・映り込みなどの光学現象を考慮して写実的な画像を生成する手法を、**フォトリアリスティックレンダリング**と言います。モデリング中はポリゴンに色を付けて描画していましたが、レンダリングによって幾何学的形状に材質感をプラスすることで、リアルな画像が生成できます。レンダリングをするためには、**マテリアル（質感）**、**ライティング（光源）**などの設定を行う必要があります。

---

[8]　正多面体の、正六面体と正八面体、正十二面体と正二十面体が双対の関係にあります。
[9]　同じ面を構成する頂点が同一平面上には配置されない状態となります。

モデリング中のポリゴンは、JavaやProcessingであらかじめ用意されている色を設定して描画していました。レンダリングソフトを使ってレンダリングをすると、実際のビーズ細工のように描画することができます（図6-34）。

図6-34　マテリアル、ライティングなどの設定をしてレンダリングする

写実的な表現を行うためのレンダリングは、以下4つの要素から構成されます（図6-35）。

1.透視投影
2.隠面消去
3.シェーディング（陰影付け）
4.効果付与（テクスチャマッピング、影など）

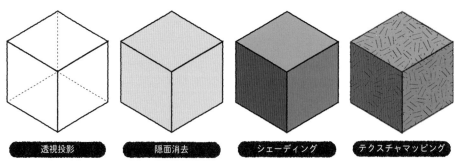

図6-35　レンダリングを構成する処理過程

6-5-1 投影技法

　3次元図形をディスプレイモニタの画面や紙などの2次元平面上に表示するため、2次元図形に変換する処理を、**投影技法**と言います。この投影方法には**透視投影**（**perspective**）と**平行投影**があり、それぞれ物体の見えかたが異なります（図6-36）。

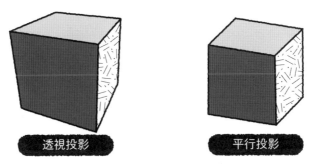

図6-36　透視投影と平行投影による見えかたの違い

　透視投影は、図6-37のように、物体の各頂点から視点に向かって投射線を引き、投射線と投影面との交点に投影図を描く方式です。透視投影では、遠くのもの（z値が大きいもの）が近くのもの（z値が小さいもの）より小さく描かれ、遠近感があり、写真に近い図が得られます。

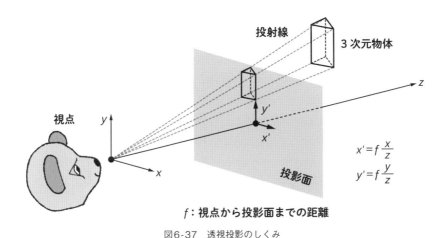

$$x' = f\frac{x}{z}$$
$$y' = f\frac{y}{z}$$

f：視点から投影面までの距離

図6-37　透視投影のしくみ

　平行投影は、図6-38のように、3次元図形の各頂点から投射線を平行に投影面に下ろし、その平面上に投影図を描く方法です。平行投影は、透視投影の視点を限りなく遠くに置いたものと考えることもできます。

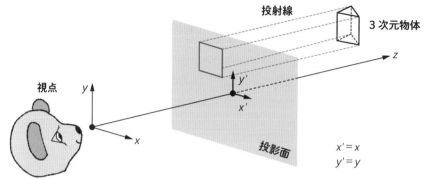

図6-38　平行投影のしくみ

透視投影の場合には、**画角**（**視野角**）という視野の範囲を決める角度を考える必要があります。図6-39のように、画角が大きいと投影面に対して小さく写り、画角が小さいと投影面に対して大きく写ります。たとえば、図6-40(a)は、広い画角で描画したシーンです。同図(b)は、同じ視点から狭い画角で描画したもので、狭い範囲しか描かれなくなることがわかります。

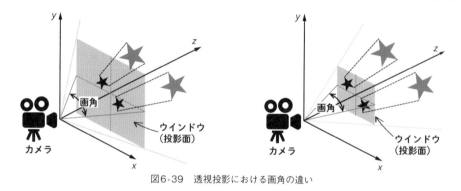

図6-39　透視投影における画角の違い

（a）広い画角による描画　　　　　（b）狭い画角による描画

図6-40　画角による遠近感の違い

また、投影面に描かれる範囲を決める3次元の空間のことを**ビューボリューム**（**View Volume**）と言い、ビューボリュームから出た図形を削除する処理を**クリッピング**と言います。前後にクリッピング面を設定することで、視点に近すぎる物や遠すぎる物を描画しないように設定します。図6-41に、透視投影のビューボリューム[10]と平行投影のビューボリュームを示します。このようにして、3次元空間中のどの空間をどのように描いてディスプレイに表示をするかを決定していきます。

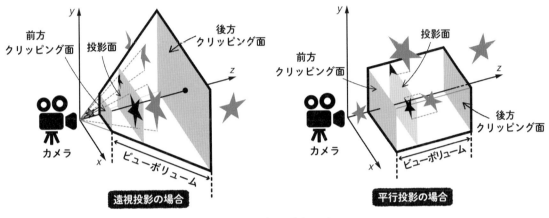

図6-41　ビューボリューム

6-5-2　隠面消去

　隠面消去とは、隠れて見えない面や面の一部を消去することです。さまざまな隠面消去アルゴリズムがありますが、ここでは代表的な**レイトレーシング法**（**光線追跡法**）と**Zバッファ法**を解説します。

　レイトレーシング法（光線追跡法）とは、図6-42のように、スクリーンの画素から視点までを通る直線を逆にたどって延ばし、最初にあたったポリゴンの色で画素を塗る方法です。現実の世界では、太陽や蛍光灯などから出た光が物体に当たって反射して、その反射した光が人間の目に入ることでものを見ることができます。レイトレーシングでは、それとは逆に目から視線が出て、その視線が物体に当たったときにその物体が見えていると考えるわけです。

---

[10] 初期のCAD画面は四角ではなく丸であったこともあり、ビューボリュームは、魚眼レンズのような丸い描画領域（レーダーの画面など）も含みます。2021年現在、一般に使われている四角い画面に透視投影をする際には、ビューボリュームは四角錐台となりますが、これをとくに**ビューフラスタム**（**View Frustum**）と言います。

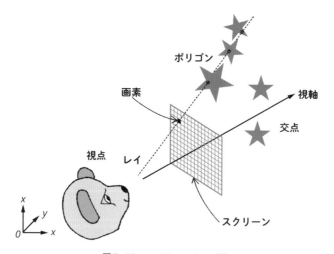

図6-42　レイトレーシング法

Zバッファ（Z-buffer）法とは、奥行きを画素ごとに格納するZバッファの値により、各画像の描画色を決定する方法です（図6-43）。描画開始前、図6-44のように、Zバッファのすべての値を無限遠（∞）の距離で初期化します。その後、各画素における描画対象ポリゴンまでの距離とZバッファの値を比較して、ポリゴンまでの距離のほうが小さければフレームバッファのその画素にポリゴンの色を格納し、Zバッファのその画素の値をそのポリゴンまでの距離に更新します。ポリゴンごとにこれを繰り返していきますが、ポリゴンがどのような順序で処理されたとしても、最終的に描かれる隠面消去された画像は同じになります。

　Zバッファ法はアルゴリズムが簡単で、ハードウェア化しやすいのが特徴です。GPUで採用されています。

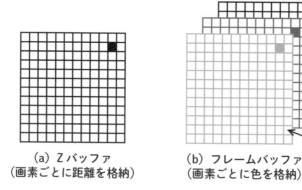

（a）Zバッファ
（画素ごとに距離を格納）

（b）フレームバッファ
（画素ごとに色を格納）

図6-43　Zバッファとフレームバッファ

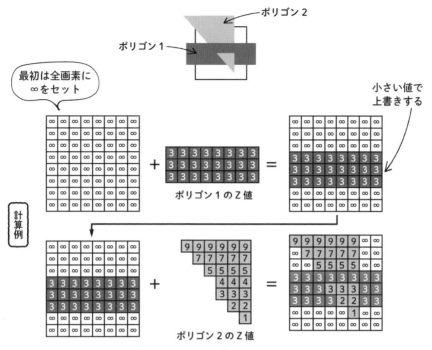

図6-44　Zバッファ法のアルゴリズム

6-5-3　シェーディング（影付け）

　光源によって照らされた物体の面の明るさや色を計算する際に、光の物理的な性質や法則を利用して、あたかも写真で撮影したかのような画像を作り出すことができます。同じ物体でも、光の照射方向と面の向きにより明るさが変化します。また、表面がなめらかな物体の場合には、ハイライトが発生することもあります。3次元CGで、物体の表面が均一であっても、光の当たり具合によって濃淡が変化する部分の明るさを計算して描画することを**シェーディング**（**shading**）と呼びます。

　光源は、幾何学的形状や特性から、以下の種類に分類することができます。

平行光線：太陽光線のように、光線が同一方向に進むもの。
点 光 源：1点から出た光が放射状に広がるもの。
線 光 源：蛍光灯のような、長さを持つもの。
面 光 源：大きさ（面積）を持つもの。

　光源の種類とその特性や表示する物体の反射特性を考慮して、さまざまなシェーディング

モデルが開発されています。3次元CGにおける最も基本的なシェーディングモデルは、図6-45のように、**環境光**による**反射成分**と、**拡散反射**、**鏡面反射**の各成分を加えることで、面の明るさを計算するシェーディングモデルです。

（a）環境反射光　　　　　（b）拡散反射光　　　　　（c）鏡面反射光

図6-45　環境光、拡散反射光、鏡面反射光の各成分

　環境光とは、光源から出た光が物体面で反射を繰り返し、その光がまた物体面を照らす光を指します。この光により、直接光が当たらない部分でも物を見ることができます（図6-46）。

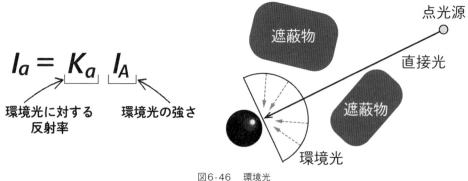

$$I_a = K_a \, I_A$$

環境光に対する
反射率　　　　　　環境光の強さ

図6-46　環境光

拡散反射光とは、図6-47のように、入射光の方向と強度、表面の向き、反射率で計算されます。

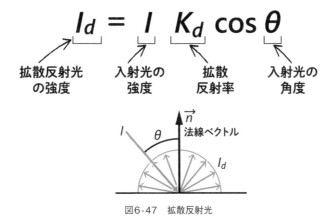

図6-47　拡散反射光

鏡面反射光（スペキュラ）は、光の射す方向の反対側へ反射する光のことです。面の法線ベクトル方向に対して、入射光の方向と対象となる角度（正反射方向）付近に分布します（図6-48）。光沢のあるプラスチックの表面や金属の表面では、鏡面反射により、図6-45(c)のように**ハイライト**が起きます。

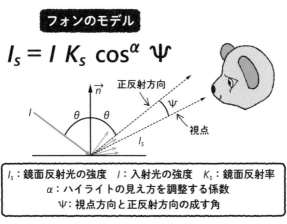

図6-48　鏡面反射光

　鏡のような反射する物体では、正反射方向の物体が表面に映り込むことがあります。また、ビーズのような透明・半透明の物体では、光が透過し、その先にある物体が映り込むことがあります。このような反射や透過・屈折の計算には、レイトレーシング法[11]が使われます。
　レイトレーシング法では、物体と光線との交点において、反射方向と透過・屈折方向のレイを発生させ、この処理を再帰的に繰り返していきます（図6-49）。

---

[11] T. Whitted. "an improved illumination model for shaded display", Communications of ACM, vol.23, no.6, pp.343-349, 1980.

● レイが拡散反射面（完全鏡面反射も透過・屈折も持たない面）に当たった場合。
● レイが交差する物体がシーン中に存在しない場合（背景色とする）。

　この計算には、非常に時間がかかります。そのための工夫として、光の強さがだんだん減衰していき閾値より小さくなった場合や、レイの追跡回数が一定以上となった場合などで、レイの追跡を停止することが行われます。

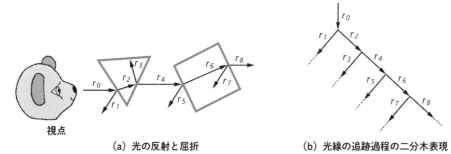

（a）光の反射と屈折　　　　　　　　　（b）光線の追跡過程の二分木表現

図6-49　レイトレーシング法による反射、透過・屈折の表現

　また、シェーディングモデルには、以下の2種類があります。

● フラットシェーディング（コンスタントシェーディング）
● スムーズシェーディング

　フラットシェーディングでは、ポリゴン曲面の各面において法線ベクトルを一定としてレンダリングする方法で、図6-50(a)のような球の3次元モデルがあったときに、図6-50(b)のようにレンダリングされます。一方、**スムーズシェーディング**ではポリゴン曲面の輝度を補間して近似的になめらかな表示を行う手法で、図6-50(c)のように、なめらかに表示されます。よく知られているものに、グローシェーディングとフォンシェーディングがあります。

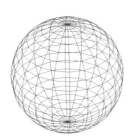  

（a）ワイヤーフレーム　　　（b）フラットシェーディング　　　（c）スムースシェーディング

図6-50　幾何学的な形状は同じだがシェーディング方法で見えかたは異なる

グローシェーディングは、ポリゴン頂点の法線ベクトルを用いて頂点の輝度を決定し、ポリゴン内の各点における輝度は頂点の輝度を線形補間することでシェーディング計算を行う方法です（図6-51）。

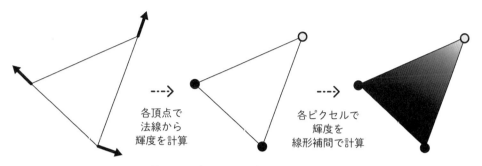

図6-51　グローシェーディングの計算方法

フォンシェーディングは、ポリゴンの頂点の法線ベクトルから、ポリゴン内の各点における法線ベクトルを線形補間してシェーディング計算を行う手法です（図6-52）。

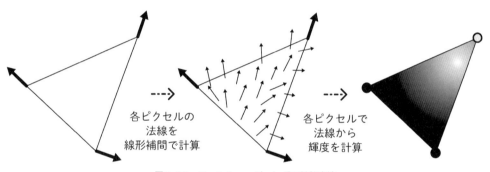

図6-52　フォンシェーディングの計算方法

フォンシェーディングのほうが現実に近い表現が可能ですが、より計算時間を要します。実際にはグローシェーディングのほうが、OpenGLやProcessing、GPUでの標準処理など広く使われています。

6-5-4　ファイル形式

レンダリングソフトを使うと、こういった特性を考慮したレンダリングが手軽に行えます。3次元モデルの形状データはobjファイルで保存されていますが、ほかにも**マテリアルファイル**（**mtlファイル**）というものがあります。

既存のモデリングソフトウェアで「test.obj」を保存すると、同じフォルダに「test.mtl」ファイルができています。objファイルをテキストエディタなどで開いてみると、一番上の行には「mtlib ファイル名」と書かれた行があります。これは「このobjファイルでは、このマテリアルファイルを使用します」という宣言です。続いてmtlファイルを開いてみると、図6-53のように、質感などの色のデータが書き込まれていることがわかります。

```
 1| # Shade 8 - Wavefront OBJ Exporter↵
 2| newmtl blue_swarovski↵
 3| Kd 0.3019607961177826 0.4274509847164154 0.9529411792755127↵
 4| Ka 0.0 0.0 0.0↵
 5| Ks 1.0 1.0 1.0↵
 6| Ns 0.6582031↵
 7| d 0.4223699↵
 8| Ni 1.000000↵
 9| illum 2↵
10| ↵
11| newmtl pink_swarovski↵
12| Kd 1.0 0.5019608013999176 1.0↵
13| Ka 0.0 0.0 0.0↵
14| Ks 1.0 1.0 1.0↵
15| Ns 0.6582031↵
16| d 0.4223699↵
17| Ni 1.000000↵
18| illum 2↵
19| ↵
20| newmtl green_swarovski↵
21| Kd 0.5764706134796143 0.9333333373069763 0.56862747669921997↵
22| Ka 0.0 0.0 0.0↵
23| Ks 1.0 1.0 1.0↵
24| Ns 0.6582031↵
25| d 0.4223699↵
26| Ni 1.000000↵
27| illum 2↵
28| ↵
29| newmtl white_swarovski↵
30| Kd 1.0 1.0 1.0↵
31| Ka 0.0 0.0 0.0↵
32| Ks 1.0 1.0 1.0↵
33| Ns 0.6582031↵
34| d 0.4223699↵
35| Ni 1.000000↵
36| illum 2↵
```

図6-53　mtlファイルには質感などの設定が書き込まれる

　mtlファイルでは、「newmtl マテリアル名」とマテリアル名を宣言したあとに、マテリアルの情報が続きます。次の「newmtl マテリアル名」がくるか、ファイルが終了するまで、このマテリアルが続きます。Beadyは、Shadeでのレンダリング用にエクスポートを選んだ場合にはmtlファイルも作成して、このように必要な設定を書き込むようになっています。

　マテリアル情報には、表6-1に示したような**環境光（アンビエントカラー）**、**拡散光（ディ**

フューズカラー）、**鏡面光（スペキュラーカラー）**、テクスチャ名などの情報が書かれています。たとえば「Ka 1.0 1.0 1.0」は「アンビエントカラーのRGBがすべて1」という意味です。「Ns」は鏡面光の焦点範囲を決定するために使用する反射角度で、0.0〜128.0の範囲の値です。円錐の先端から底面に向かって真下に線を引き、その線と円錐の側面の間の角度を指します。この角度によって、鏡面光の範囲が決められます。「d」は**非透過率（Opacity）**のことで、**透明度**「Tr」と互いに反対の関係です。透明度を指定したいか、不透明度を指定したいかユーザの利便性で決めればよいようになっています。

　Beadyでは使っていませんが、テクスチャを設定するときには、「map_Kd texture.png」というのも使います。これは「マテリアルはtexture.pngのファイルを使用」という意味です。

表6-1　マテリアル情報の例

キーワード	情報	値
Ka	環境光（アンビエントカラー）	RGB（0.0〜1.0）
Kd	拡散光（ディフューズカラー）	RGB（0.0〜1.0）
Ks	鏡面光（スペキュラーカラー）	RGB（0.0〜1.0）
Ns	鏡面反射角度	0.0〜128.0
d	非透過率（Opacity）	0.0〜1.0
Tr	透明度（透過率）	0.0〜1.0
map_Kd	テクスチャ名	文字列

　こういった設定を行ってレンダリングをすることで、写実的な画像を生成することができます。

COLUMN18 ファブリケーションでは実世界のものと一緒に写真を撮る

　ファブリケーションの世界では、作品ができあがると、作品だけでなく実世界のほかのものと一緒に写真を撮ることが多々あります。たとえば、図6-54は、スタンフォードバニーとスタンフォードドラゴンのビーズ細工です。既存3次元モデルをBeadyに入力して、ビーズモデルに変換し、実際にビーズで作成しました。その横に、コインが置かれているのがわかるでしょうか。

図6-54　実際に作ったビーズ細工

　写真だけでは、写っているものの大きさがどの程度かわからないことはよくあります。図6-54では、どのくらいの大きさを示すために、クオーターコインを横に置いたり、4mmビーズを個別にパラパラ置いたりしています。

　ファブリケーションの論文では、同図のように、比較対象とともに写真を撮るのが一般的です。手のひらに載せて撮影したり、ボールペンやハサミといった基本的には大きさがあまり変わらない文房具と一緒に写真を撮ったりすると、大きさが伝わりやすくなります。論文を読む機会があったら、結果の図をそういう視点で見てみても面白いですね。また、自分が作成したものの写真を人に見せるときにも、サイズ感が正しく伝わるよう、意識してみるとよいでしょう。

Chapter 7
設計製作支援×拡張現実

これまで、さまざまな手芸を取り上げながらコンピュータグラフィックスの技術を紹介してきました。この章では、AR技術を始めとして、センサを使った人の知覚を拡張なども取り上げつつ、手芸や工作にまつわる設計製作支援と周辺技術について紹介したいと思います。

7-1 ネックレス×進化計算

　ネックレスのような装飾品は古くから存在しており、現代の人が付けているようなネックレスのデザインは肖像画や歴史を遡ると2000年以上も前から親しまれていると言われています。現在でも手づくりパーツやキットなどが多く販売されており、個人で手づくりを楽しむ人も多いです。しかし、ネックレスでもやはり「手づくり」とはキットや書籍のデザインを真似て作ることが主流であり、オリジナルデザインを一から考えて作るということはまだ一般的ではありません。

　ネックレスのオリジナルデザインを考えて作成している人たちは、以下のような方法でデザインをしていくそうです。

● 画像検索を行い、たくさんのデザインを見ながら、好みのデザインを考える。
● 複数のデザインを組み合わせて新たなデザインを考える。
● パーツを購入するときに、このパーツとこのパーツを組み合わせたらどのようなデザインになるかを想像しながら検討する。
● これまでに作ったことのある組み合わせから新たなデザインを考える。

　多くの場合、デザインは左右対称になるよう行われます。また、揃いのイヤリングなどを作る場合は、ネックレスに使った素材の一部がよく使用されます。

　さて、ネックレスの個々のパーツは高価であるものも多く、手で直に触って試行錯誤をすることに向いていないものも多くあります。必要なデザインを決めて、材料を購入して、オリジナルデザインのネックレスを作る、というのは初心者にはハードルが高いのが現実です。ここにコンピュータでのデザインを導入すると、どのようなことができるでしょうか。

　私たちが作成したネックレスのオリジナルデザイン支援システムでは、ユーザは図7-1のようなデザイン支援ツールを使ってパーツを選び、インタラクティブにデザインすることができます。ネックレスの素材となりえるパーツは膨大な数になるため、コンセプトを示すために、プロトタイプシステムでは対象となる素材をコットンパールと透かし玉に限定しています（図7-2）。コットンパールとは、綿を球状に丸めて圧縮したものに、表面に光沢を与える加工を施したフェ

イクパールです。素材が綿であるため、軽い付け心地であり安価で手軽なため、本真珠に比べると凝ったデザインを楽しむこともでき、近年人気が急上昇しています。

図7-1　ネックレスデザイン支援ツール

図7-2　デザイン支援の対象となる素材

　デザインの経験がない人は「デザインＡとデザインＢを混ぜたようなデザインのネックレスが欲しい」といったように、組み合わせからデザインを創作していることも多くあります。こういったことは、**対話型進化計算**を利用することで実現できます。対話型進化計算とは、インタラクティブに人とシステムがやりとりをしながら人の感性に合ったものを選んでいく方法です。「人の感性に合ったもの」の表現手段とは、たとえば今回であればネックレスのデザインや配色といった2次元ですが、3次元空間も含めた立体的なデザインであったり、動画であったりと、考えられるものは多岐にわたります。

対話型進化計算のしくみについて簡単に見てみましょう。あるユーザがネックレスのデザインをしたいときに、まずは、システムがいくつかのネックレスのデザイン案をユーザに提示します。次に、ユーザは自身の感性や好みに基づいて「このデザインが好き！」「こっちのデザインはあまり好きではない」といったように、システムが提示したデザイン案を評価します。このユーザの評価情報をシステムに入力して教えることで、システムはユーザの評価に基づいて新しいデザイン案を作成して、もう一度ユーザに提示します。これらの手順を繰り返しているうちに、だんだんとユーザの感性に合ったものが生成される、というしくみです。

このしくみを利用して、図7-3のように複数のデザインをユーザに提示して、そのなかから好みのデザインを選びます。「これ」というものがあればそれで決定でよいですが、ちょっと違うと思う場合は、そのなかで好みに近いものを3つ選んでもらいます。選ばれたネックレスのデザインや色合いなどの情報をもとに対話型進化計算を行うことで、再度ユーザに候補を提示します。

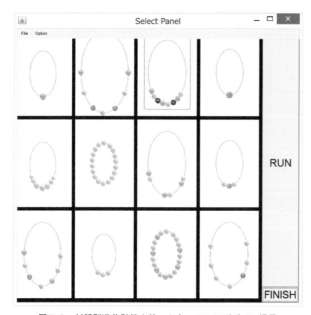

図7-3　対話型進化計算を使ったネックレスデザイン提示

このネックレスデザインシステムでは、図7-4のように、**WEBカメラ**[1]で自分の画像を撮影した上にデザインしたネックレスやイヤリングを置いてみる"装着シミュレーション"を使うことで、実際に作ったときの長さや雰囲気を確かめることもできます。この機能を使うことで、時間をかけて実際に作ってみる前に、顔や体に対するパールなどの大きさやネックレスの長さ、イヤリングの大きさなどのバランスを確認することができ、作ったあとの失敗をなくすことができます。

....

[1] WEBカメラとは、インターネットなどを使用して、撮影内容をリアルタイムで確認できるカメラのことです。Zoomなどのビデオチャットサービスや、YouTube Liveなどのリアルタイム配信サービスなどで使われています。

図7-4　デザインしたネックレスとイヤリングを自分の画像に合わせて装着してみることができる

7-2　かご編み×AR

　日本の伝統工芸におけるかご編みでは、植物のツルや草、竹といった自然素材を編むことで、花かごやフレームバスケット、バッグ、小物入れなどを製作しています。各地方の特色を活かした素材と組みかたの技法は職人技であり、一つ一つ丁寧に作られて民芸品として販売されているのを見たことがある方も多いでしょう。かご編みでは編む人のテンポや手の力の強さが出来栄えを左右するため、初心者が満足いく作品を作るのは難しいとも言われています。

　最近では、こういった自然素材を使ったかご編みの代わりに、図7-5のようなクラフトバンドと呼ばれる紙テープを使ったクラフトバンド工作が人気になってきています。クラフトバンドは1本の紙テープが12芯で構成されていて、必要に応じて割いて芯数を減らしたり、さらに芯を工作用ボンドで糊付けして増やしたりすることで異なった幅で作成していくことができます。クラフトバンドを適切な長さに切り、適切な幅に割き、交互に絡ませながら作成していきます。手軽に楽しめる工作の1つとして子どもたちにも人気で、ダイニングで使用するカトラリー入れといった小物からカバンのような大物まで、デザイン次第ではさまざまなものを作ることができます。クラフトバンドという名前のほか、ハマナカ株式会社のエコクラフト®、(株)山久のエコテープ、そのほか、紙バンドなどといったさまざまな名前で各社が作りかた説明書付きのキットを販売しています。最近では100円ショップなどでもキットおよび素材を手に入れることができ、身近なクラフトの1つとして注目されています。

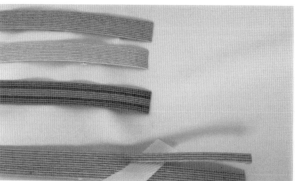

図7-5　クラフトテープとかご作品の例

　クラフトバンドのデザインは、直方体の箱型にするのか、円筒形にするのか、円筒形は先を外側に広げていくのか、単純な形であっても形状はさまざまです。設計図をデザインするには、クラフトバンド幅は何本で編むのか、そのバンドを何本並べるのかなども考える必要があります。

　クラフトバンド工作のためのデザインシステム **BandWeavy**（バンドウェービー）では、初心者が手軽に思いどおりのデザインで作ることを支援します（図7-6）。まずユーザは、作りたい形状を選択してサイズを入力します。それに従って、システムが自動的に形状を計算して、初期形状を提示します。ユーザはこれを見ながら、クラフトバンドの幅や色、本数や形状といった詳細な点を修正しながらリアルタイムにシステムで反映結果を見ることができます。修正したら最終的に必要なクラフトバンドのそれぞれの色および長さが算出され、それをユーザに提示します。また、実際の製作過程をCGで支援するインタフェースも備えていて、1ステップずつ見ながら実際に作っていくことができます。

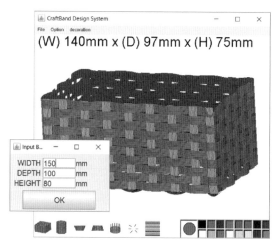

図7-6　BandWeavyシステムでの直方体形状のデザイン例

7-2-1 直方体形状デザイン

　直方体形状では、図7-6に示すように、幅、奥行き、高さを入力すると、システムが形状を自動生成します。この3つの数値は、キーボードの上下左右キー、Shift＋上下キーでインタラクティブにバランスを見ながら変更可能です。

　また、直方体形状では、図7-7のように多くの決めるべき数値（パラメータ）があります。側面の縦として使用する幅方向のクラフトバンド V と、底面のみの幅方向のクラフトバンド W、側面の縦として使用する奥行方向のクラフトバンド D の3種類が存在します。それぞれのクラフトバンドの芯数 $w_V,\ w_W,\ w_D$ を設定したり、本数を設定したりすることができます。底面が編み終わったら側面の縦となるクラフトバンドを立ち上げて、側面を編んでいきます。

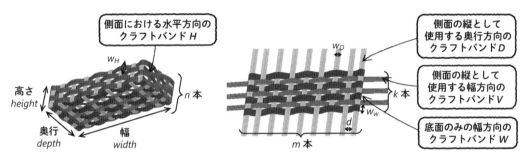

図7-7　直方体形状での設定可能なパラメータ

7-2-2 円筒形状デザイン

　円筒形状では図7-8に示すように、半径と高さをユーザが入力してシステムがそれに合わせて設計をします。この2つの数値はキーボードの上下左右キーでインタラクティブにバランスを見ながら変更可能です。より細かい制御としては、底面のらせん状のクラフトバンドの芯数 w_B と、側面のらせん状のクラフトバンド芯数 w_S を変更できます。

　円筒形のデザインではらせん状に編んでいくため、側面縦のクラフトバンドの本数は奇数である必要があります。また、底面のらせん状に編むクラフトバンドの芯数 w_B は大きい値を設定すると曲率が高くなりすぎて曲げられません。システムにはこういった制約を入れてあり、ユーザは幾何学的な制約を意識することなくパラメータを変更しながら、バランスを見てデザインしていくことができます。

　また、円筒形状では先をすぼめたり、広げたりしながら編んだものをつけていくことができます。図7-9で示した円筒形デザインは側面の色が変わっているところから先の半径を、1％ずつサイズを変えながら編んだ例です。

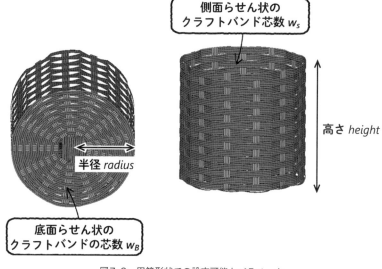

図7-8　円筒形状での設定可能なパラメータ

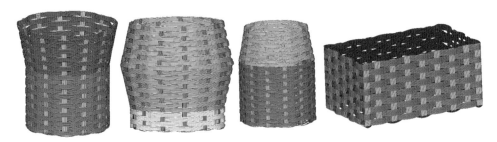

図7-9　BandWeavyシステムでデザインした結果

　このようにデザインしたクラフトバンドですが、ユーザに使ってもらっているところを観察すると、直方体では作りたい寸法を入力してそれに合わせて作っていく事例が多かったのに対して、円筒形状ではインタラクティブに幅や高さを変えながらバランスでデザインしていくことが多いといったことがわかりました。実際に作ったときにどのくらいの大きさになるか、どんな印象かということを先に直感的に知るために、**AR技術**を使ってみることができます。

　ARとは「Augmented Reality」の略で、日本語では**拡張現実**と訳されています。実在する場所にバーチャルの視覚情報を重ねて表示することで、目の前にある世界を拡張して見せることができます。スマホアプリなどでも手軽にできるようになっているので、使ってみたことのある人もいるでしょう。

　ARを使うためのライブラリとして有名なのが**ARToolKit**[2]です。オープンソース化されており、誰でも自由に無料で使うことができます。たとえば、ARToolKitをProcessing

[2] https://www.msoft.co.jp/service/artoolkit.html

で使用するには、NyARToolkit for processing[3]が便利です。パッケージのリポジトリは、https://github.com/nyatla/NyARToolkit-for-Processingにあります。

Processingへのインストールは、以下の手順で行います。

1. NyARToolKitから最新版のNyARToolkitを選択してダウンロードします。
2. ダウンロードしたzipファイルを解凍します。
3. 解凍したフォルダー式（nyar4psg）を「Processing」→「sketchbook」→「libraries」フォルダ内に移動します。
4. 以上でダウンロードとインストール作業は終了です。

すべての設定ファイルとマーカーファイルは、スケッチディレクトリの「libraries/nyar4psg/data」に入っています。マーカーファイルは、「Hiroマーカー」が入っています。このHiroマーカーを使って、クラフトバンドを実世界に重ね合わせるコードをProcessingで書いてみると、リスト7-1のようになります。

リスト7-1　ARマーカーを使って描画するコード `Processing`

```
import processing.video.*;     // カメラを使うのでインポート
import jp.nyatla.nyar4psg.*;  // ARツールキットNyARToolkit をイン
ポート

Capture cam;       // カメラの定義
MultiMarker nya;  // マーカーの定義
PShape model;     // かごあみモデルのobjファイルを表示するためにPShape
クラスを使う
void setup() {
  size(640,480,P3D);
  colorMode(RGB, 100);
  println(MultiMarker.VERSION);
  cam=new Capture(this,640,480);
  nya=new MultiMarker(this,width,height,"./data/camera_para.
  dat",NyAR4PsgConfig.CONFIG_PSG);
  nya.addARMarker("./data/patt.hiro",80);

  String s = "filename.obj";
  model = loadShape(s);
```

[3] https://nyatla.jp/nyartoolkit/wp/

```
    cam.start();
}


void draw(){
  if (cam.available() !=true) return;

  cam.read();
  nya.detect(cam);
  background(0);
  nya.drawBackground(cam); // frustumを考慮した背景描画
  if((!nya.isExist(0)))  return;

  nya.beginTransform(0);
  lights();
  fill(0,0,255);
  translate(0,0,20);

  noStroke();
  shape(model);
  nya.endTransform();
}
```

　このプログラムでは、BandWeavyでデザインしたクラフトバンドモデルをobjファイル形式のテクスチャ付き3次元モデルとしてエクスポートしておき、それを、

```
String s = "filename.obj";
model = loadShape(s);
```

の箇所で読み込んでいます。

　これにより、図7-10のように、作成したときに周囲のものに対してどのくらいの大きさになるのかをシステム内で確かめることができます。クラフトバンド細工は、1つの作品を実際に作るためには半日以上、大きいものだと2〜3日かかってしまうこともあります。システム内で出来栄えを確認できるほか、サイズの表示もできますが、17cmなどと数値で言われてもあまりピンときません。手のひらサイズだな、とか、入れたいゲーム機が入りそうだな、といった見た目で判断できるのがAR表示の利点です。

図7-10　クラフトバンド細工の感性状態のAR表示

　NyARToolkit for Processingの、`nyar4psg/examples`のなかの`nftFilesGen`を使って、自作マーカーを作成することもできます。

図7-11　デザインの試行錯誤

図7-12　実際に作った作品

7-3 木目込み細工×3Dプリンタ

　日本の伝統工芸である木目込み細工に3Dプリンタを導入し、型を作成して手軽にした例が図7-13です。木目込み細工とは、あらかじめ溝を彫っておいた木製の型に小さな布の切れ端を押し込んで貼り付けた工芸品です。木目込み細工は木材で製作するという伝統工芸としての良さがある一方で、初心者が一から作ろうしたときには、木材を利用する方法では木を削ったり桐塑（とうそ：粘土の一種）で型を製作したりする必要があり、ハードルが高いのが現状です。自分の思いどおりのデザインをするのは大変で、通常は作家さんが経験をもとにデザインしたキットを購入して楽しむのが一般的です。

　図7-14のように、ユーザがデザイン支援システムを使ってイラストをデザインすると、システムは自動的に対応する型の3次元モデルを生成します。これを3Dプリンタで印刷することで、初心者でも簡単にオリジナルの木目込み細工を作ることができます。**Chapter 2**で紹介したパッチワークの疑似的な法線ベクトルを使った描画を利用しながら、木目込み細工のできあがり図をシステム内であらかじめシミュレーションして結果を見せています。また、溝の長さを使っておよその製作時間の提示することで、デザイン中に自分の実力で作ることができるかなどを考えながらデザインしていくことができます。似たようなイラストであっても製作時間が異なるので、自分の力量とデザインとを見比べながら作るデザインを決めた例が図7-14です。

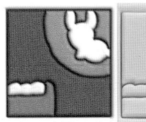

図7-13　3Dプリンタを使って木目込み細工の型を作成

図7-14　システム内でデザインを試行錯誤して製作時間を見ながらデザインを決めていくことができる

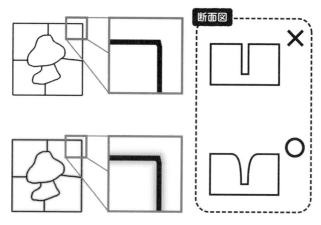

図7-15　マップ画像と溝の断面図

　3次元モデル作成には、図7-15のようなグレースケールのマップ画像を生成しています。黒を溝とするような2値画像の状態のマップ画像を使って3次元モデルを生成すると、尖った角ができてしまい、木目込みを行う際に布が破けてしまうといった問題が発生します。これを防ぐために、マップ画像にスムージング処理を行い、マップ画像の色情報から暗いほど彫りが深くなるように3次元モデルの表面の高さ方向を決定することで、角がなめらかな3次元モデルを生成することができます。

7-4 ストリングアート×LEDライト

　ストリングアートという手芸では、図7-16左に示すような輪郭に釘を打って糸を掛けることで絵を描くアートと、図7-16右のような幾何学的な図形のなかに規則的に糸を掛けていくことで模様を出すアートがあります。

図7-16　ストリングアートの例。輪郭をデザインするものと、
幾何学的な図形を規則的に描いていくことで出てくる模様を楽しむものに分けられる。

　図7-16左のようなストリングアートを製作する際には、描きたい絵の紙を板の上に乗せ、その絵の輪郭上に釘を打ち付けていきます。その釘に対して空間を埋めるように糸を掛けることで、ストリングアートを製作していきます。しかしこの方法では、どのくらいの間隔で釘を打つのがベストか、糸をどのくらい通したら絵が浮き出てくるかといった判断は経験によるところが大きいものです。システムを使えば、あらかじめシステム内で釘の位置や本数、糸のかかり具合をシミュレーションすることができます。

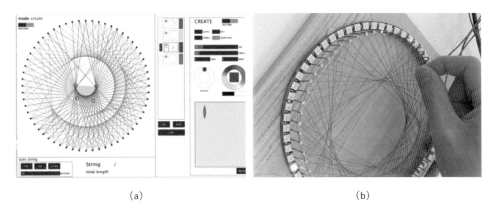

(a)　　　　　　　　　　　　　　　　　　　　(b)

図7-17　ストリングアートの製作をLEDライトで支援

図7-16の右図は「糸を時計回りに10個先の釘にかけていく」などという規則で糸を掛けていくとできあがっていく図形です。糸の色を変えたり、何個先にするかを変更していくことでさまざまな図形が浮かび上がってきます。システムを使えば、図7-17(a)のように、パラメータを変更することで描かれる図形をあらかじめシミュレーションすることができます。デザインを実際にストリングアートとして糸を使って製作するには、図7-17(a)で描かれた直線を一筆書きができるように**オイラーグラフ**（6-3-1項参照）に整形し、糸を掛ける手順を計算する必要があります。

　そのために、ある頂点から出ている直線の本数が奇数本である頂点の数を2もしくは0にする必要があります。このシステムでは一番近い奇数本どうしの頂点を結ぶことにより、すべての頂点から出ている直線を偶数本として経路算出しています。また、線が干渉しない閉路が2つ以上できた場合には、それらをつなぐ線も追加します。これらの補正線を追加する場合には、頂点で囲んだ円の外側を通すことで、補正した線がデザインへ干渉することを防いでいます。

　実際に釘に糸を掛けて製作する際には、釘の番号を逐一数えながら糸を掛けていく必要がありますが、ミスが起きやすく後戻りも困難なため、製作には時間がかかってしまいます。このシステムでは図7-17(b)のように釘の位置にLEDライトを設置し、糸を掛ける手順をライトによって提示することで製作を簡略化しています。ライトの提示を自動化することで、製作中に両手が塞がっていても作業ができるようになります。また製作に必要な糸の長さや時間を算出することもでき、これもあらかじめわかることで便利になります。

7-5　ボンボン手芸×WEBカメラ・スマートウォッチ

　ボンボン手芸とは、図7-18のような手芸です。これを作る際には、毛糸を巻くための装置を使用して、どの色をどこに何回巻くのかを表す図案を見ながら実際に巻いていきます。巻いたあとに切って形を整えることで、ボンボンをデザインします。

図7-18　ボンボン手芸。くるくる巻いて、切って、ハサミで形を整えていく。

ボンボン手芸支援システムでは、どのような形状のものを作るかを考える設計段階から製作までの一連の流れを、2次元や3次元などさまざまな方法で支援します。たとえば、図7-19のように、2次元の図案をデザインすると、どのような3次元形状になるのかをシミュレーションすることができます。

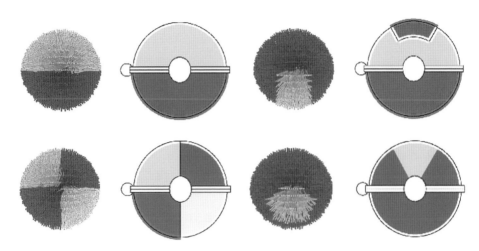

図7-19　図案をデザインすると、システムがボンボンの完成形をシミュレーションする

　また、図7-20のように、スマートウォッチの**加速度センサ**[4]から腕の動きを計測することで、何回パーツに巻いたかという数を取得し、提示することができます。必要な回転数を入力しておき、巻き数カウントの開始ボタンを押すと、計測を開始します。図7-21が毛糸を巻いているときのx, y, z軸の加速度の合計値のグラフです。波の振幅が大きいところが巻いている状態であり、振幅が小さいところは巻くのをストップしているところとわかります。このグラフから、巻いている状態にあるときの加速度の値は大きく増減するため、閾値αを設定しその値を越えたときに巻き数をカウントするようにしてあります。

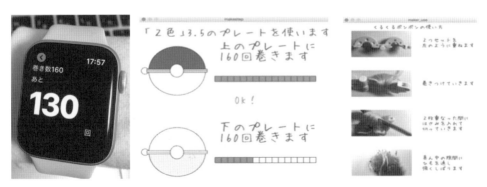

図7-20　巻き回数をスマートウォッチの加速度センサーで計測

....

[4]　加速度センサは、「1秒間における速度の変化」を検出するセンサで、スマートフォンやスマートウォッチ、ゲームのコントローラーなどに搭載されています。人の動きや振動などを感知でき、万歩計などの実装に役立てられています。

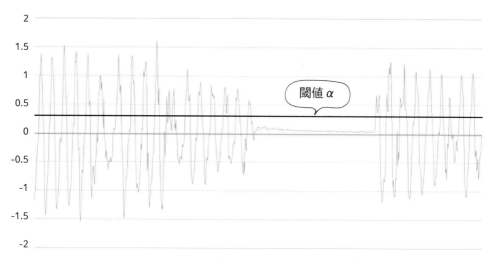

閾値 α

図7-21　スマートウォッチで計測したx, y, z軸の加速度の合計値のグラフ

　WEBカメラを使ったカット支援では、図7-22のようにカメラとボンボンを載せる台を使い、カメラからのリアルタイム映像と見本となるオブジェクトを画面に重ね合わせて表示させ、見本に合わせてカットすることができます。自動制御可能なモーターwebmo[5]を利用してProcessingで動きを制御し、自動で回転させ、その回転角度に合わせて画面内の見本オブジェクトも回転させることで、カットを支援します。また、完成した作品の写真を撮って保存することで、見本だけでなく過去の作品を参考にしてカットすることもできるようにしました。

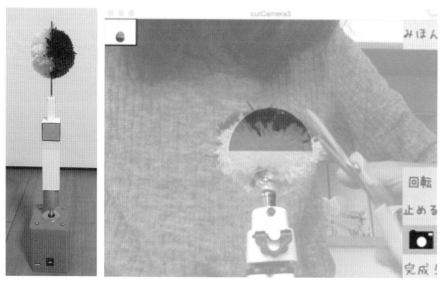

図7-22　WEBカメラを使ったカット支援

[5] http://webmo.io/

7-6 羊毛フェルト×スマートグラス

　もう1つ例を紹介しましょう。ふわふわの羊毛を「フェルティングニードル」と呼ばれる専用の針で刺し、繊維を絡ませることで、形を成形することができる羊毛フェルトという手芸があります。さまざまな色の羊毛を自由に組み合わせて、動物などのマスコットを作る愛好家も多いですし、手芸のなかではお手軽で100円ショップでも見かけるので、やったことがある方もいるかもしれません。羊毛フェルトづくりでは、一般的に、完成見本の写真と製作段階を表す図や写真、また完成見本のサイズを表すイラストなどが与えられ、それに従ってユーザは製作をしていきます。しかし、針を刺している最中に形が変形してしまっていたり、一度固めてしまったものはもとに戻せないため、全体的なバランスが一度悪くなってしまうと、最初から新しい羊毛で作り直すか、そのまま作り進めるしか方法がないのが欠点です（「羊毛フェルト　失敗」で画像検索するとなかなか面白い作品が見ることができたりします。それだけ大変ということですね）。

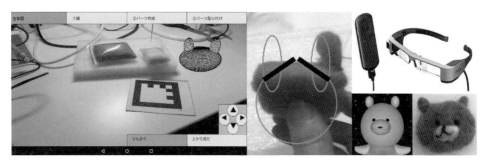

図7-23　羊毛フェルト手芸をスマートグラスで製作支援

　図7-23のように、スマートグラス（眼鏡型デバイスMOVERIO）を用いて完成予想モデルを2次元と3次元の両方で表示することで、羊毛フェルトづくりを支援することができます。あらかじめ、システム上で簡単な図形を組み合わせてマスコットの形状デザインをしておきます。その後、デザインしたマスコットの3次元モデルをスマートグラスに送信し、スマートグラス上でモデルの表示を行います。ユーザはスマートグラスを装着し、モデルのイメージに従って土台となる顔のパーツを作成していきます。

　モデリング画面でデザインしたモデルの顔、耳、目、口それぞれの縦幅と横幅、座標値を取得し、そのデータをスマートグラス上のプログラムに送ります。スマートグラス上では受け取ったデータを基にAR表示と輪郭線の表示を行います。スマートグラスにはProcessing AndroidMode[6]を使用して実装しました。スマートグラスのカメラ画像を取得するにあたり、Ketaiライブラリ[7]を使用しています。また、取得したカメラ画像からARマーカーを検出しAR表示を行うにあたりnyar4psgライブラリ[8]使用しました。輪郭線は、データをもとに

---

[6] Processing for Android, https://android.processing.org/

[7] Ketai Library, http://ketai.org/

[8] NyARToolkit for processing (NyAR4psg), https://nyatla.jp/nyartoolkit/wp/

2次元での表示を行っています。

　このシステムでは、製作段階の羊毛フェルトのサイズを取得し、歪みが生じた場合には完成予想モデルの変更を行うことで、ユーザがイメージしたものにより近い作品の製作を可能にしています。具体的には、WEBカメラを用いて作成中の顔のパーツのサイズを取得して、そのデータをもとに完成予想モデルのサイズの更新を行い、更新したデータを再度スマートグラスに送っています。ユーザはそれに従ってパーツの作成と取り付けを行っていくことで、羊毛フェルトマスコットを作ることができます。

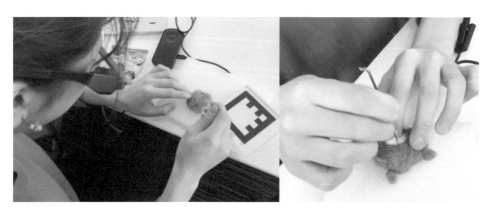

図7-24　羊毛フェルト手芸を行っているようす

　3Dプリンタは、ちょっと前まではとても高価なものでした。あっという間に性能のよいノートパソコン1台ほどの値段になり、今では2〜3万円も出せば十分性能のよいものが手に入ります。ということは、自宅にインクジェットプリンタを導入するのと同じくらいのお値段で工作機器として手が届くというわけです。

　センサなども数百円〜数千円でいろいろなセンサが手に入るようになりました。こういった工作機器やセンサが手軽に手に入るようになった世の中では、今まで高価で使えなかったような分野でも、アイデアと工夫次第で導入していろいろなことができるようになる、というわけです。

　もしかしたら、一人で楽しむ「手芸」にこんな機器を持ち込んで大げさな、と思われるかもしれません。しかし、当たり前にスマートフォンを使う世の中になり、スマートウォッチも浸透しつつある現状。今後は、誰もがスマートウォッチのような役割を果たす眼鏡（スマートグラス）をかけるのが当たり前になったり、家中のものがセンサでつながっていたりするような時代になるかもしれません。

　研究者は、10年後、20年後の未来がどうなっているかを考えて技術を研究・考案しています。たとえば、いまみなさんが当たり前のように手にしているスマートフォン。地図を見るときに、マルチタッチで拡大縮小していますが、これが世界で初めて発表されたのは、1997年のUIST（User Interface Software and Technology）という学会でのこと[9]です。スマホを回転させると画面が回転するといった操作も、UIST2000で発表された技術[10]です。技術は学会などで発表されてから10年〜20年たってようやく一般に浸透する、そんな世の中なのです。

　ということは、そうです。2020年に発表されている技術を見ることで、20年後の未来を覗き見ることもできる、というわけですね！　最近ではオンライン学会発表やSNSなどの普及で一般の人が手軽に最新技術に触れられるようになってきています。気になる方はぜひ、最新の技術や研究をチェックしてみてください。

---

[9]　N. Matsushita and J. Rekimoto. "HoloWall: Designing a Finger, Hand, Body, and Object Sensitive Wall", ACM UIST, 1997.

[10]　K. Hinckley, J. Pierce, M. Sinclair, and E. Horvitz. "Sensing techniques for mobile interaction", ACM UIST, pp. 91-100., 2000.

Chapter 8
Blenderでモデリングしてみよう

8-1 モデリングをするのにどんなツールがあるの？

　本書の締めくくりとして、この章では、実際になにかをモデリングしてみましょう。自分で手を動かすことで、コンピュータグラフィックスについての知識をより深めていただくことを目的としています。

　MetasequoiaやSketchUp、Blender、スカルプトリスといった、さまざまな3次元モデリングソフトの名前を聞いたことがあるのではないでしょうか。どれから始めたらよいかわからない！という人は、手はじめに無料でできるもの、自分のOS（WindowsやmacOSなど）でできるものからやってみるとよさそうです。「3次元モデリング ソフト 無料」などで検索すると、さまざまなツールを見つけることができます。

　図8-1は、私の担当する講義で、大学の学部1年生が初めてモデリングをした作品の一部です。私がこの講義を行った際には、「まずなにをモデリングしたいか考えてみましょう」と伝えました。自分の趣味のもの、部活で使っていたもの、身近なもの、部屋にあるものなど、モデリングをしてみたいものを見つけて、それをモデリングするのにちょうどよいツールという観点で探してみることをおすすめします。たとえば平面に囲まれた図形であれば、平面をデザインしやすいSketchUp、でこぼこしたものであれば削り取るようにデザインしていくスカルプトリス、といった具合です。

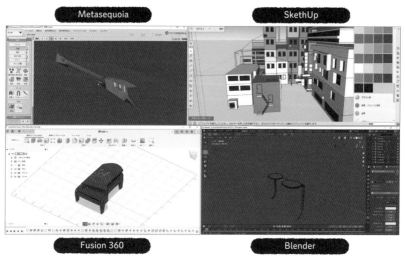

図8-1　大学の学部1年生が授業で作ったモデリングの作品の例

　一方で、いろいろ基本図形をいじっていて、なんだか○○に見えてきた！ というところから、それを作ってみよう！ という人もいます。基本図形を組み合わせで、なにかできるかな？

と好きなキャラクターをいろいろ画像検索しながら決める人もいます。初めてのモデリングは試行錯誤もありなかなか大変だとは思いますが、「好きな○○を作る」と目標を掲げることで頑張れそうですね。

　以下にいろいろな無料モデリングツールの紹介をしてみます。どれかを選んでモデリングをしてもよいですし、複数のソフトウェアを組み合わせてモデリングすることもできます。外形をざっくり作ったあと、そのあと異なるソフトウェアで詳細をデザインしていくといったことも可能です。objファイルなどの汎用的なファイル形式で入出力を行います。

　このときに、違うソフトウェアでデータを読み込んだ場合に、モデリングしたものの向きが異なることもあります。これは、3Dソフトによって、XYZ軸の設定が異なるためです。たとえば、3DソフトはZ軸が上に向いているものが多いですが、MeshMixerではY軸が上になっています。また、面の向きも法線ベクトルで設定されていますが、法線ベクトルが反対側を向いてしまうことで、裏表が異なって描画されてしまうこともあるかもしれません。こういった状況になった場合は、モデルを入力するときに軸の向きや面の向きの設定をすることができるので、再度設定をし直してモデルを入力してみてください。

8-1-1　Metasequoia（メタセコイア）

　Metasequoia[1]は、初心者にわかりやすいインタフェースで、基本図形を組み合わせてデザインしていきます（図8-2）。

　初めての人は、ぜひメニューバーの「ヘルプ」にある「目次」を開いて、チュートリアルを見てみてください（図8-3）。こちらに画像付きで丁寧に順を追って説明されており、「簡単なオブジェクトを作ってみよう」のなかの「ドーナッツ（基本図形）」だけでもやってみると、5分程度で、形状モデリング、材質の設定、反射設定なども理解できるようになっています（図8-4）。

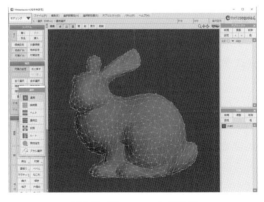

図8-2　Metasequoiaの画面

---

[1] https://www.metaseq.net/jp/

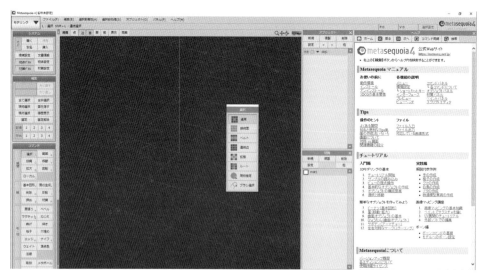

図8-3　チュートリアルの中の「ドーナッツ（基本図形）」を開いてみよう

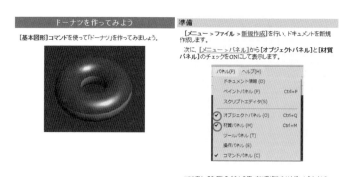

図8-4　丁寧なチュートリアルが掲載されている

8-1-2　SketchUp（スケッチアップ）

　SketchUp[2]も直観的でわかりやすいユーザインタフェースになっており、建物など平面で囲まれたものをモデリングするのに向いています（図8-5）。WEBベースでも動作するので手軽に始められます。また、具体的に「○cmのものを作る」といったモデリングに向いているのも特徴です。自分の部屋をモデリングしてみたい、といった場合には、SketchUpが向いています。ウォークスルーもできるので、作ってみたら家具にもこだわってみたり、ウォークスルーで遊んでみたりしてもいいですね。

---

[2] https://www.sketchup.com/ja

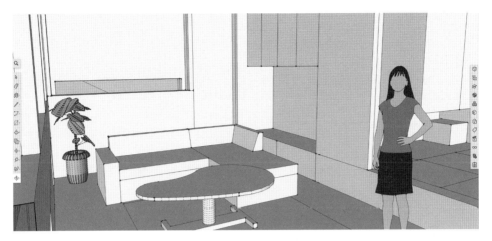

図8-5　SketchUpは建築物などもモデリングしやすくさまざまな使いかたが可能

8-1-3　Tinkercad（ティンカーキャド）

Tinkercad[3]は、オートデスクが開発したブラウザベースの無料3Dモデリングソフトウェアです（図8-6）。子どもにも親しみやすいインタフェースで、モデリング経験のない子どもたちのために設計された**STEM教育**[4]向けとしても有名です。ドラッグ＆ドロップで積み木を重ねていくように、3次元モデリングができます。基本図形どうしの足し算、引き算を使いながら、モデリングしていくこともできます。

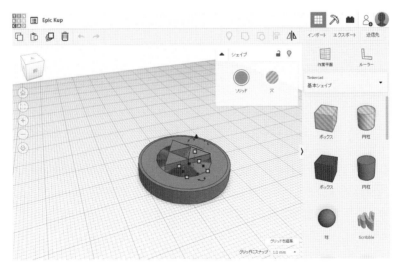

図8-6　Tinkercadの画面

Tinkercadは、初心者に手軽なインタフェースを備えつつ、複数人での作業もできるところも魅力的な点です。右上のメニューから「デザインにユーザを招待」というボタンを押せば「共同編集」が可能になります。

「Scribble」という機能を使えば、文字やロゴといったようなデザインをスイープさせたモデルを簡単に作ることができます（図8-7）。

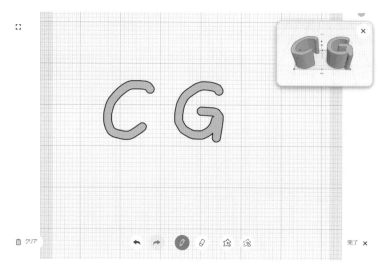

図8-7　TinkercadのScribble機能ではスイープさせたデザインを簡単に作ることができる

8-1-4　Fusion 360（フュージョン360）

Fusion360[5]は、学生さんや教職員であれば無償で利用できる**CAD**（**Computer Aided Design**）ソフトです（図8-8）。CADに加えて、3DCAM、レンダリング、解析、アセンブリ、2次元図面などの機能があることも特徴です。

CADとは、コンピュータ上での設計を支援するシステムで、建築物や自動車など厳密な数値データが必要な設計においてたびたび用いられています。CGと似ていますが、CGは設計図よりも外観を作るほうが得意です。手芸のように比較的ざっくりとした設計でよいものはCGソフトのほうが、厳密な設計が要求される機械製品などはCADのほうが適しています。

Fusion360にはオンラインでモデリングを教えてくれる講座「Makers School Online[6]」も用意されています。月額料金制の見放題プランなので、まとめて勉強できそうなときや、少し用語などが身についたあとにでも利用するとよさそうです。

---

[5]　https://www.autodesk.co.jp/products/fusion-360/overview
[6]　https://makerslove.com/online/

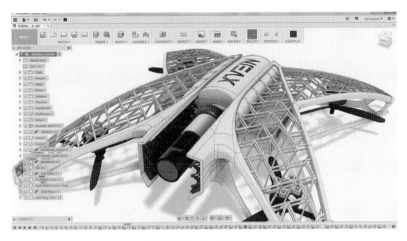

図8-8　Fusion 360の画面

8-1-5　Meshmixer（メッシュミキサー）

　Meshmixer[7]も、オートデスクが提供している、3Dプリンタを前提として作られている彫刻ソフトです。Meshmixerを使えば、2つのモデルをくっつけて新しいモデルを作りたいときなど、ブーリアン演算を使って簡単にモデルを作ることができます。

　図8-9のように、複数のモデルを入力して、「ブーリアンによる結合」を選択することで、ブーリアン演算を使った結合ができます。単純な結合ではなく、重なった部分の除去など、やりたいことに応じて「ブーリアンによる切り取り」「ブーリアンによる交差」を選ぶとよいでしょう（ブーリアン演算については **Chapter 1** のコラム1参照）。

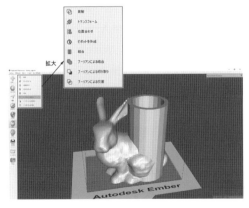

図8-9　Meshmixerを使うと、「スタンフォードバニーの鉛筆立て」のように、
簡単に2つの3次元モデルファイルを組み合わせたモデルを作ることもできる

7　http://www.meshmixer.com/japanese.html

8-2 Blenderをインストールしてみよう

　ここでは、フリーで使えるオープンソース統合3DCGソフトウェア、**Blender**（ブレンダー）を取り上げて、モデリングを紹介してみたいと思います。Blenderでは、静止画のギャラリー集[8]や、動画のギャラリー集[9]もあるので、どんなものが作れるのかぜひご覧になっていただけると理解が深まるかと思います。

　8-1節で挙げた各種ソフトは、3次元モデリングができるという観点でピックアップしています。もちろんBInderも3次元モデリングが可能で、それ以外にも、本書内で紹介した内容も含め、以下のようなさまざまなことができます。

● **モデリング**：3次元形状をデザインできる（Chapter 3）
● **テクスチャマッピング**：作ったモデルに画像を貼れる（Chapter 4）
● **シミュレーション**：重力・風・煙・磁力・流体などを物理演算してリアルな描写ができる（Chapter 4, Chapter 5）
● **ライティング**：光で陰影を付与できる（Chapter 6）
● **レンダリング**：動画や静止画として出力できる（Chapter 6）
● **スクリプト編集**：細かい制御をスクリプトで書くことができる
● **アニメーション**：動きを付与できる
● **モーショントラッキング**：動きを解析して動きに合わせた編集ができる
● **動画編集**：動画を編集できる

　Blenderは、blender.orgのダウンロードページ（http://www.blender.org/download/get-blender/）から入手できます。BlenderはOSによってさまざまなインストール方法が提供されています。自分の環境がWindowsかMacかなどに応じて、参考にしながら最新版をインストールするとよいでしょう。ちなみに、Windows版では、インストーラ実行ファイル版（.exe）、Zip版（.zip）で提供されています。基本的には、インストーラ実行ファイル版で案内に従って進んでいけばインストールが成功します。

　一方で、Zip版をそれぞれ別のフォルダに解凍することで、別々のバージョンの Blenderを共存させることができます。最新版で問題が発生する場合は前のバージョンを使用する、といった使いかたもできます。また、Blenderはオープンソースなので、正式リリース以外にも、多数の開発者によりバグの修正や新機能の追加が行われた最新の非公式ビルドを利用することもできます。Blenderをより詳しく知りたい方や最新情報を得たい方は、Blenderコミュニティサイト（https://blender.community/c/）をチェックしてみてください。

---

[8]　https://archive.blender.org/features-gallery/gallery/
[9]　https://archive.blender.org/features-gallery/movies/index.html

8-3 Blenderでモデリングをしてみよう

　Blenderを使ってモデリングをしてみましょう。ここでは、私が所属する明治大学のキャラクター「めいじろう（図8-10）」を題材に、実際に手を動かしてモデリングできるよう、説明してみたいと思います。

　Blenderの基本的な画面構成は、図8-11のようになっています。Blenderでできることは非常に多く、メニューやウインドウもたくさんあるため、今回はめいじろうのモデリングに使用するものに限定して紹介していきます。また、本書のp.226にBlenderの基本操作早見表があるので、適宜活用してください。

図8-10　明治大学公式キャラクター「めいじろう」

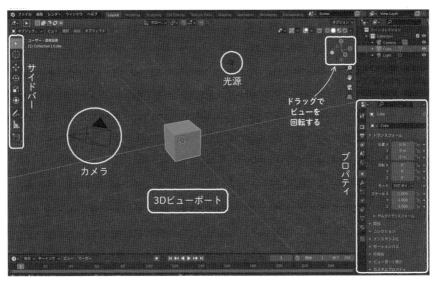

図8-11　Blenderの画面構成

8-3-1 視点の変更のしかたを設定

Blenderでは、**視点変更**のために**テンキー**を頻繁に使います。マウス操作でも回転すること
はできますが、図8-12のように数字にカメラの視点や見たい方向からの視点が割り当てられ
ており、7（真上）、5（投影方法の切り替え）、3（右正面）、1（正面）、0（カメラ視点）の5つは便
利でとてもよく使うので覚えておくとよいでしょう。モデルをどこから見てモデリングして
いくとやりやすいかイメージして、適宜、視点変更してモデリングしていきます（図8-13）。

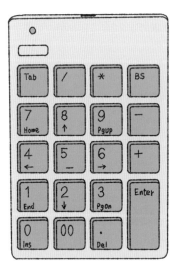

0 カメラ視点

1 正面（フロント）

2 下方向に 15°回転

3 右正面（ライト）

4 左方向に 15°回転

5 投影方法の切り替え（透視／平行）

6 右方向に 15°回転

7 真上（トップ）

8 上方向に 15°回転

9 反転

• 選択中のオブジェクトのみが表示されるよう
　ズームイン／ズームアウト

/ 選択中のオブジェクトのみが表示されるよう
　ズームイン／ズームアウト
　（非選択のオブジェクトは非表示）

図8-12　テンキーで視点操作を行う

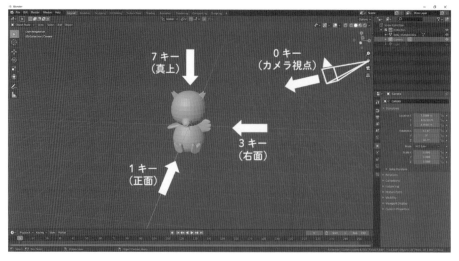

図8-13　テンキーでの操作方法

テンキーがない場合には、**Blenderプリファレンス**で設定することで、図8-14に示すように数字キーの部分をテンキー替わりとして使用することができるようになります。ただし、視点変更の方向はテンキーの配置と対応しているので、テンキーの操作に慣れたほうが頭に叩き込みやすいでしょう。Blenderを長く使いそうな場合には、外付けUSBテンキーなどの購入をおすすめします。1,000円程度で売っていますし、入力効率が断然上がります！

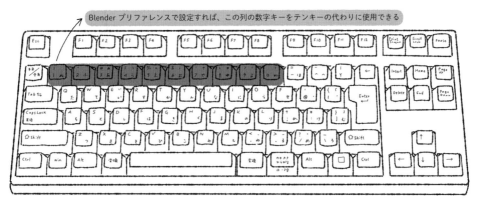

図8-14　テンキーがないノートPCなどの場合には、ここの数字をテンキーの代わりになるように設定することができる

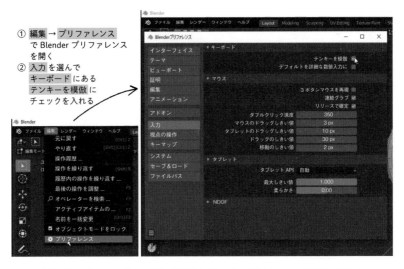

図8-15　テンキーがない場合の設定は、Blenderプリファレンスを開いて行う

まず、図8-15のように、左上のメニューにある「編集」から「プリファレンス」を選びます。「Blenderプリファレンス」が開くので、「入力」の「キーボード」にある「テンキーを模倣」にチェックを入れます。これで、キーボードの数字キーでテンキーと同じ機能が使うことができるようになりました。

8-3-2　球から頂点をひっぱり変形させて、頭・身体をつくってみよう

　まずは、球を組み合わせて頭と体を作ります。図8-16のように、画面左上の「追加」メニューの「メッシュ」から「UV球」を選んで球を表示させてみましょう。「追加」メニューは画面左上にあるほか、ビューポート内で[Shift]+[A]のショートカットキーでも呼び出すことができます。

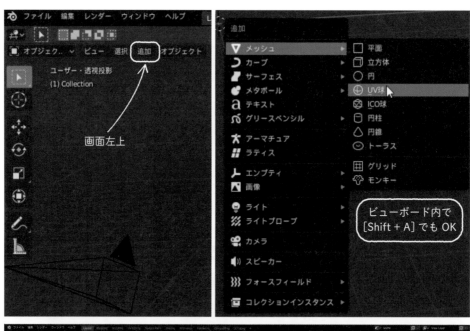

図8-16　球から顔と体を作る

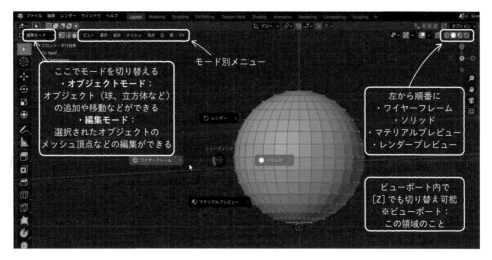

図8-17　ソリッドとワイヤーフレームを使い分けながらデザインしていく

　最初の設定では、モデルはソリッドで表示されていますが、モデリング作業は図8-17のようにワイヤーフレームに変更して、辺、頂点、面が見えた状態で行います。ソリッドの表示にすると全体像に目がいくので、ソリッドとワイヤーフレームの表示を切り替えながら確認をしていくとよいでしょう。

　3Dモデルの表示の切り替えは、画面右上の4つのアイコンが並んでいるところから行うことができます。左から、「ワイヤーフレーム」「ソリッド」「マテリアルプレビュー」「レンダープレビュー」にそれぞれ対応しています。この切り替えも、ビューポート内で[Z]キーを押すことで、さきほどの「追加」メニューのようにショートカットキーによる呼び出しが可能です。表示させた球のモデルを編集していく前に、左上の「モード」で「編集モード」が選択されていることを確認してください。Blenderにおいては、「モード機能」によって実行可能な作業を制限することで、作業中の誤操作を防ぎ、また特定の作業に集中できるような設計になっています。今回のモデリングでは、**オブジェクトモード**と**編集モード**の2つのモードを使い分けて進めていきます。

　選択したモデルのポリゴンを編集するには、編集モードを選択しましょう。図8-18のように、ワイヤーフレームの頂点を選択して引き延ばすようにすることで、球から必要となるメッシュの形に変形させていくことができます。このとき、**プロポーショナル編集**という機能をオンにしてみましょう。通常は頂点や辺の移動をさせようとすると、それに隣接した頂点や辺しか変化させることができません。しかし、この機能をオンにすると、ある一定の範囲内にあるポリゴンすべてを変化させることが可能です。プロポーショナル編集は、画面上部の同心円状になっているアイコンをクリックすることでオン/オフの切り替えが可能です。アイコンの隣のプルダウンメニューでは、範囲内のポリゴンへの影響のしかたを変更することができ

ます。ここでは、デフォルトの「スムーズ」のままで編集をしてみましょう。まず、編集モード
の「**ボックス選択**」で基点にしたい頂点を選択しましょう。図8-18のようにドラッグしたり、
[Shift] を押しながらクリックしたりすることで、複数の頂点を選択することができます。頂
点を選択したら、続けて、画面左のツールバーから「**移動**」を選択して頂点をドラッグしてみ
ましょう。マウスで上下左右に引き延ばしてみると、頂点が追従して形が変わることがわか
ると思います。ここでは、球より少しだけつぶれた形にしておきます。

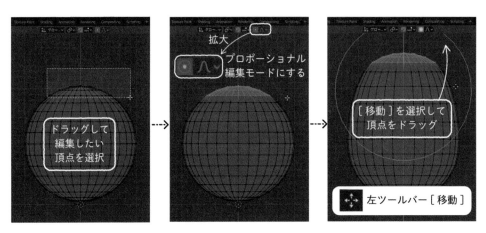

図8-18　メッシュを球から希望する形に変形させていく

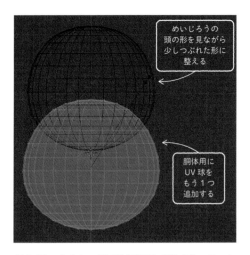

図8-19　もう1つ、UV球を表示して体を作っていく

　図8-19のように、もう1つUV球を表示させて身体を作っていきます。こちらでもメッシュ
を選択して少しつぶれた形にしていくことで、身体らしさを出してみましょう。図8-20は
ソリッド表示にしたようすです。頭と身体のバランスをうまく調整して、次に移りましょう。

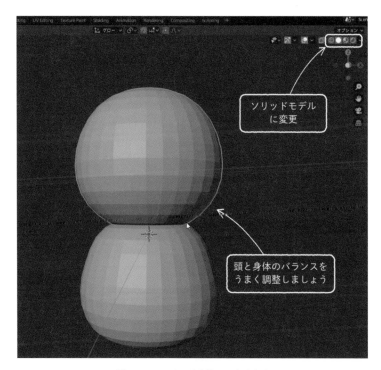

図8-20　ソリッド表示にしたようす

8-3-3　頂点から辺・面を作成して、耳をつくってみよう

　次は、耳を作っていきましょう。図8-21のように、オブジェクトモードで「メッシュ」から「立方体」を選んで追加したら、編集モードに切り替えて耳らしい厚みに変更してみましょう。今回は、左ツールバーの「**スケール（拡大・縮小）**」を特定方向にのみ適用させることで形状を作成しています。編集モードの「ボックス選択」で立方体のすべての頂点を選択したのち、画面左側のツールバーにある「拡大・縮小」を選択します。立方体に重なるように操作ハンドルが表示されたら、色の付いているハンドルをドラッグすることで、特定方向にのみこの操作を適用することができます。

　「拡大・縮小」ツールの選択は、[Shift]+[Space]のあとに[S]キーを押すことで可能です。しかしこの状態では、操作は全方向に適用されてしまうことに注意してください。特定方向にのみ適用させる場合、軸に対応している[X], [Y], [Z]キーを押すことで同じ操作ができます。画像内ではY軸方向に縮小をしているので、緑色のハンドルをドラッグするか、[S]キーを押したあとに[Y]キーを押すことで同様の操作になります。このとき、台形になるように1辺を短くしておきます。これも、「拡大・縮小」でやってみましょう。

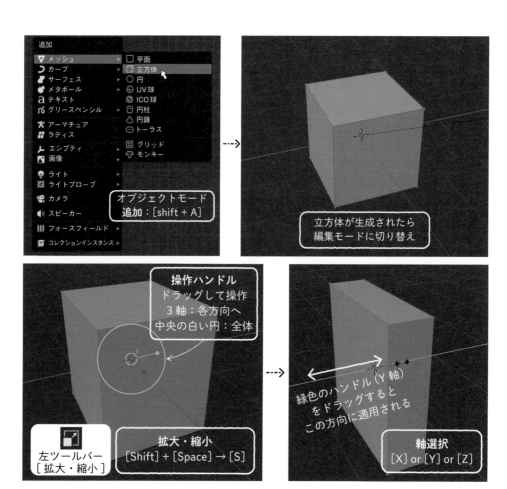

図8-21　立方体から耳を作る

　次に、図8-22のように、面を選んで削除してみましょう。頂点や辺、面を削除するときは、編集モードで消したいものを選択して、左上のメニューから「メッシュ」→「**削除**」と選びましょう。[X]キーか[Delete]キーを押すことでも、「削除」メニューを表示させることができます。

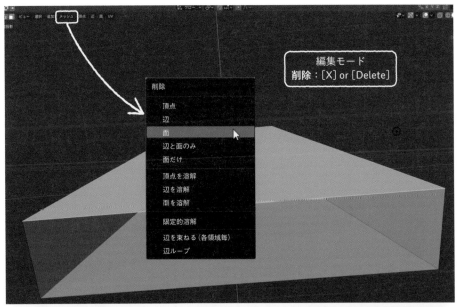

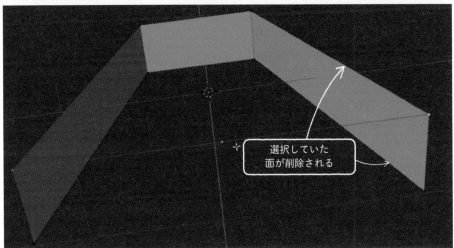

図8-22　面を選んで削除していく

　次は、図8-23のように、面を削除したあとに底辺に対応する2頂点の中間に頂点を作成し、面を生成します。辺は2つ、面は3つ以上の頂点を選んで、右クリック→「**頂点からの新規辺/面**」によって、または右クリック→[F]キーを押すことでも作成することができます。底辺部分の中間の頂点を作るには、面を張っていない状態の底辺を選択して右クリック→「**細分化**」によって、ちょうど辺の真ん中に新たな頂点を追加することができます。図8-23下のように、三角形を4つ作ってみましょう。

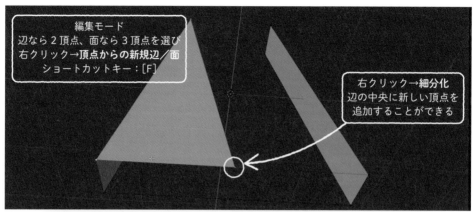

図8-23　頂点、辺を新たに追加して面を加えていく

　次に、図8-24のように、上側の辺をもとに面を生成して、中央に向けて面を延ばしていきます。辺を選択して、「メッシュ」から「**押し出し**」を選ぶと、辺を押し出して面を生成することができます。上から見ると、図8-24右のような状態です。このときは、「拡大・縮小」と同じように任意の軸のキーを押すことで、押し出す方向を制限させることができます。[X]キーを押せば、図と同じようにきれいに押し出しができるでしょう。

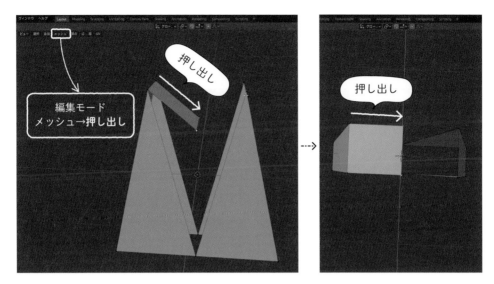

図8-24　面を生成する

図8-25のように、面を生成して、耳の完成です。

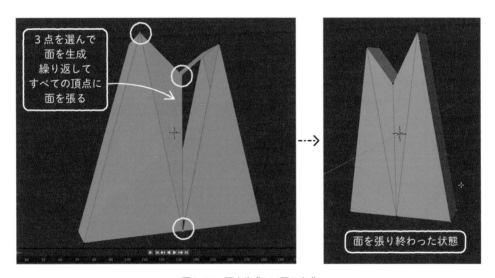

図8-25　面を生成して耳の完成

　こうして耳が完成しましたが、同じものがもう1つ必要です。耳は、左右対称で大きさも同じものですから、この耳のモデルを複製してもう1つ配置しなければなりません。この操作を簡単にするために、「**モディファイアー**」という機能から「**ミラー**」を設定しましょう。「**モディファイアー**」とは、複雑な編集作業を「割り当てる」という形で適用させる編集方法です。ミラー

を適用させたあと、図8-26のように耳を頭の横に持っていくと、サイズや向きが合っていないので、比率を合わせて縮小し、角度を調整して、頭に合わせておきます。この縮小や角度調整は、編集モードで行うようにしましょう。

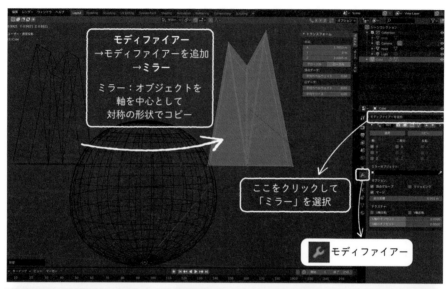

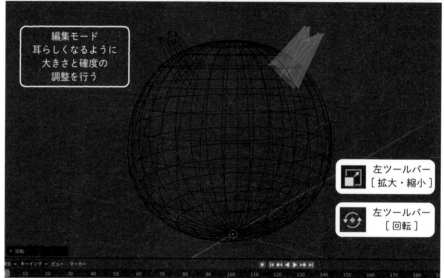

図8-26　耳の大きさと角度を合わせて頭にくっつける

図8-27で耳の完成です。

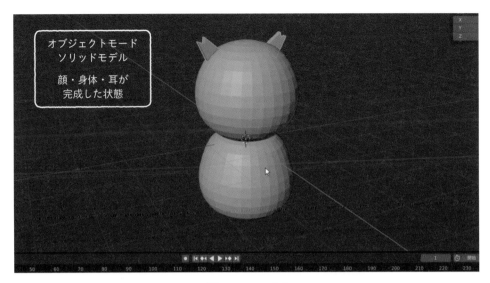

オブジェクトモード
ソリッドモデル
顔・身体・耳が
完成した状態

図8-27　耳の完成

8-3-4　メッシュの細分化を利用して、くちばしをつくってみよう

　次はくちばしを作ってみます。立方体から始めてみましょう。まずは、図8-28のように、「メッシュ」から「立方体」を選びます。その後、立方体を5つに分割してみましょう。面を選択して、画面左のツールバーから[**ループカット**]を選択します。ループカットとは、オブジェクトを一周する辺（辺ループ）を挿入する機能です。

　黄色い線のガイドが表示されるので、分割したい方向になるようにマウスを動かしてください。面を一度クリックするとカット数が、もう一度クリックするとカットを入れる場所が反映されます。場所をずらしたくない場合は、[Esc]キーを押すことで自動的に間隔を調整してくれます。適用後は、画面左下に「ループカットとスライド」というメニューが出てきます。このメニュー内の「分割数」の数値で分割数を変更することができます。

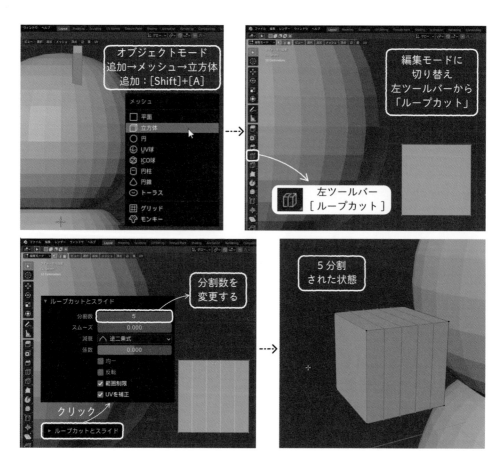

図8-28　立方体からくちばしを作る

　続けて、図8-29のように、くちばしの先端になるほうを少しすぼめる感じで、辺の長さを変形させていきます。調整していくと、横から見ると図8-30のような感じになってきます。

　図のなかでは、図8-18のようにプロポーショナル編集をオンにして、拡大・縮小を使って各辺の長さを調整しています。

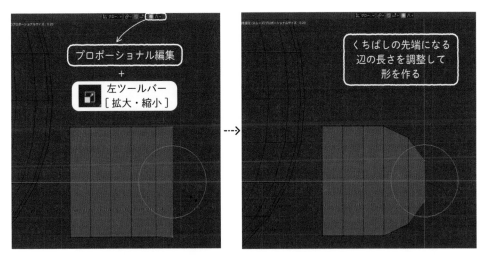

図8-29　くちばしの先になるほうの辺の長さを調整する

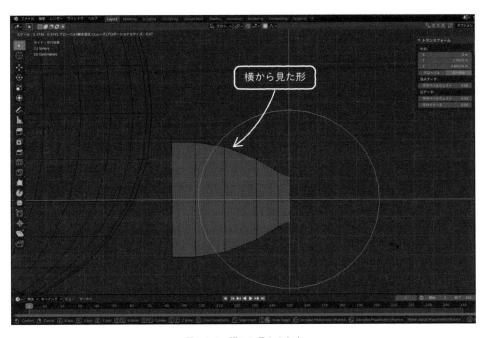

図8-30　横から見たようす

　くちばしに先端らしさを出すために、図8-31のように、少し下ぎみに先端を作っておくとよいでしょう。

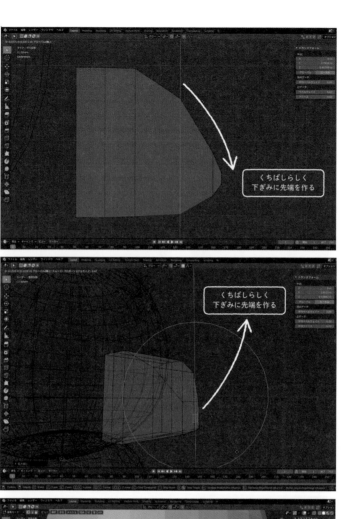

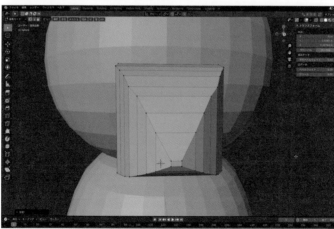

図8-31　くちばしの先端らしくするために少し下ぎみに頂点を作っていく

このままではまだくちばしと呼べる形をしていないため、ポリゴンを細分化します。しかし、一つ一つ細分化していくにはあまりにも数が膨大ですから、ここでは「ミラー」のときと同様、「モディファイアー」を使いましょう。「モディファイアー」のなかの「**サブディビジョンサーフェス**」を選択することで、メッシュを細分化して表面をなめらかにすることができます。「**カトマルクラーク**[10]」を選んで、図8-32のように面をなめらかに細分化しましょう。

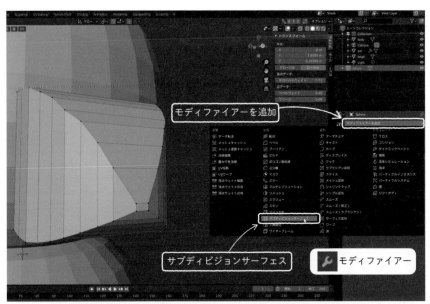

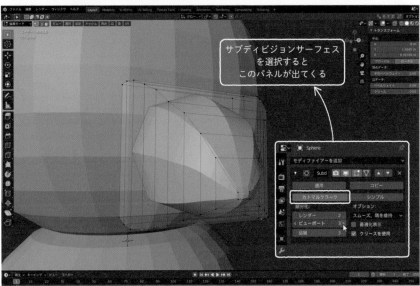

図8-32　メッシュを細分化してなめらかにする

[10] カトマルクラーク曲面は、任意のポリゴンに対して適用できる細分化手法で、開発者のエドウィン・キャットマル（元ピクサー社長であり、チューリング賞受賞）とジム・クラーク（SGI・ネットスケープ創業者）の名前から付けられています。

パラメータをいろいろ変更することで、なめらかさなどや分割数も変わります。くちばしらしく見える値を探してみましょう。図8-33のようになりました。

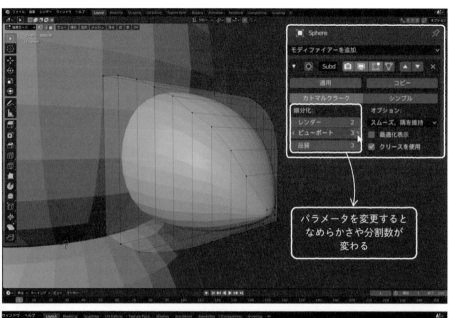

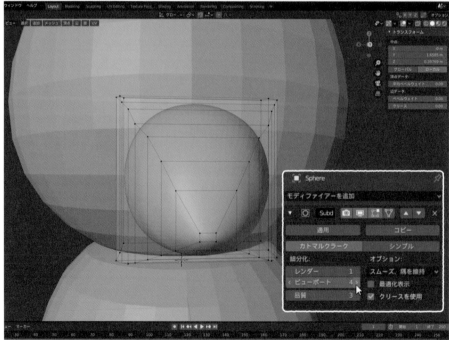

図8-33　くちばしらしくなる値を探す

図8-34のように、不要な面は削除しておいてもよいでしょう。モディファイアーで作成したポリゴンは、そのままでは見たとおりの編集ができません。モディファイアーから「適用」を選択することで、見たとおりに分割されたポリゴンを編集することができるようになります。顔にくっつけて、できあがりです。

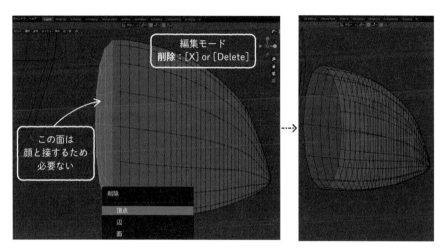

図8-34　不要な面は削除しておくとよい

8-3-5　面を削除追加しながら、羽根をつくってみよう

次は羽根を作ってみましょう。羽根も、図8-35のように立方体から始めてみましょう。

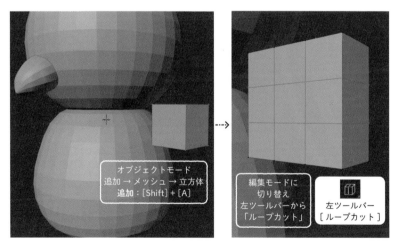

図8-35　立方体から羽根を作る

立方体を適切な厚みに縮めたら、図8-36のように、分割して面を削除してみましょう。

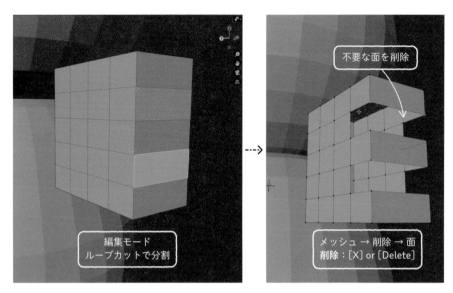

図8-36　分割をして、不要な面を削除する

削除したところに面を新しく張って、羽根の部分を作っていきます。図8-37のように、オレンジで選択したところの距離を縮めておくといいバランスになります。

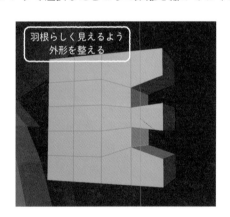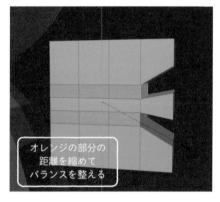

図8-37　新たに面を張ったり、頂点を移動させたりして、整えていく

図8-38のように、羽根らしく見えるように外形を整えてみましょう。最初に縦に5分割しましたが、作っていくうちに「3分割で整えていくほうがよいかも」と気づき、頂点の個数を削除してあります。このあたりは羽根のデザインにもよるので、いろいろ試してみてください。

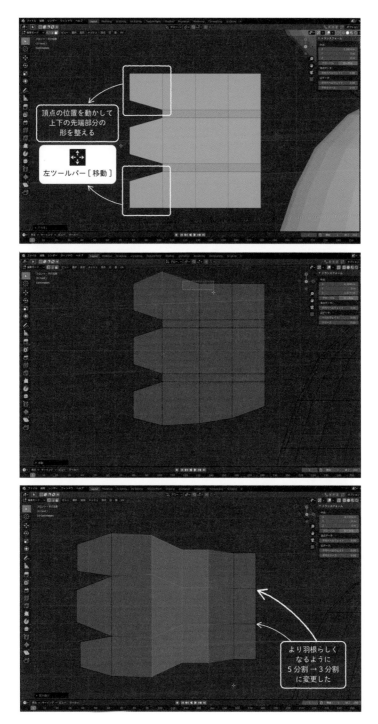

図8-38 羽根の形になるように頂点を編集する（途中で縦方向を5分割から3分割に変更する）

図8-39のように、羽根の先端部分をさらに分割して、頂点位置を整えていくことで、羽根らしさを出していきます。

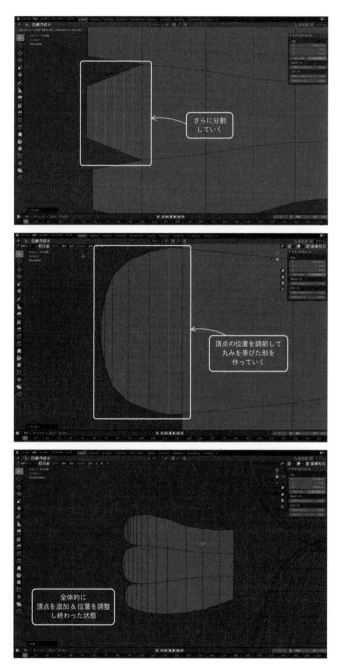

図8-39　羽根の先を、分割数を増やして頂点の位置を調整することで整えていく

羽根の向きを整えて、胴体にくっつけてできあがりです（図8-40）。左右で羽根の向きを変えてみてもいいですね。

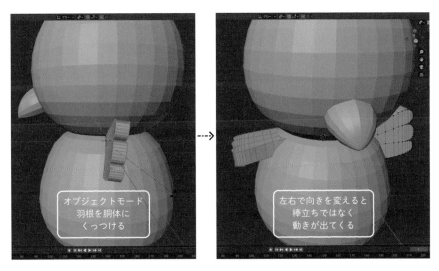

図8-40　羽根の向きを整えて胴体にくっつける

8-3-6　対称性を利用して、足をつくってみよう

メッシュから立方体を生成して、足を作っていきましょう。図8-41のように、立方体の中央に辺を追加し、頂点の位置を調整します。

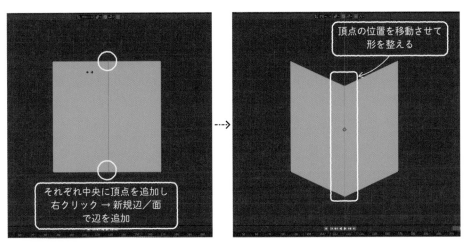

図8-41　立方体から足を作るために中央で分割して変形させる

図8-42のように、モディファイヤーから「ミラー」を選択して、対称性を利用してデザインしていきます。耳の作成のときには、モデルが完成してから「ミラー」を適用させていましたが、今回のように、編集の段階からミラーを適用させることも可能です。このとき、場合に応じて「**頂点クリッピング**」のオプションのオン・オフを切り替えながら作業を進めていくと効率的です。この機能では、対称軸を越えて頂点が移動するのを防いだり、対称軸上に左右から結合した頂点を配置することができます。

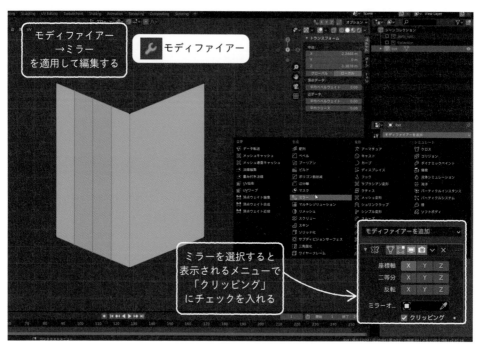

図8-42　モディファイヤーから「ミラー」を選択する

図8-43のように半分だけ編集していけばよく、作業効率がアップします。

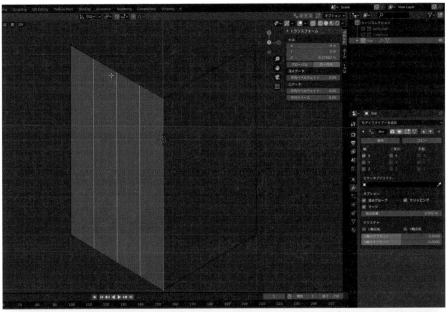

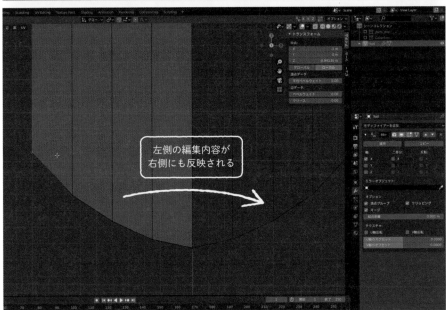

左側の編集内容が
右側にも反映される

図8-43 半分だけ編集していけばよいため、作業効率がアップする

足のつま先側、かかと側を頂点の位置を調整していくことで図8-44のように足の形に整えたらできあがりです。

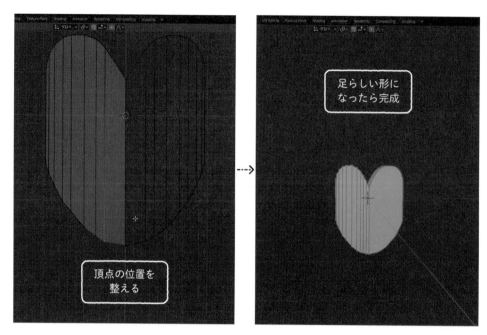

図8-44　足の完成

足の大きさを調整して、角度を合わせて胴体にくっつけたら、完成です（図8-45）。

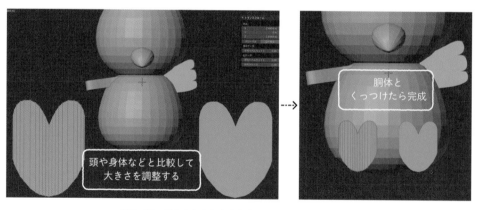

図8-45　足の大きさと角度を合わせて胴体にくっつける

図8-46のように、キャラクターができあがりました。くまやうさぎ、りすなど、頭・胴体・手・足などに分割されているものは、基本的には同じように作ることができます。すでに三面図のイラスト（正面からの図・右からの図・上からの図）が手もとにある場合には、それを画像として入力して参照しながらモデリングしていく方法もあります。また、ヒト型をデザインするのはもう少しハードルが高いですが、やってみたい人はぜひ挑戦してみてください。

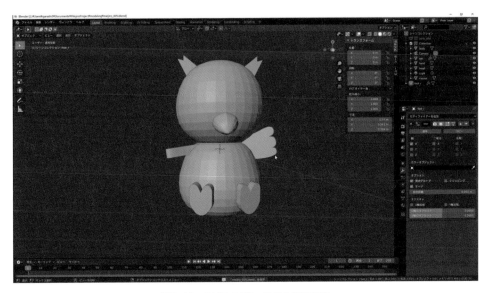

図8-46　完成した「めいじろう」のモデル

おわりに

　この本では、手芸を題材として、CGに関する用語や技術を解説してきました。しかし、すべての
CG技術について網羅できているわけではありません。記載されている気になるキーワードや周辺
技術について知りたい場合には、これをきっかけにして別の書籍や論文などを参考にしながら理解
を深めていただけたらと思い、本文には注釈などを付けました。また、以下に参考となる書籍を紹介
します。コンピュータグラフィックス全般を網羅して勉強したい場合には、

コンピュータグラフィックス[改訂新版]編集委員会 編「コンピュータグラフィックス[改訂新版]」
CG-ARTS、2015年
宮崎大輔・床井浩平・結城修・吉田典正「IT Text コンピュータグラフィックスの基礎」
オーム社、2020年

などが参考になるでしょう。体系立てて解説してあるのでわかりやすくなっています。とくに「コンピュー
タグラフィックス[改訂新版]」は、本書内の図の作成においても、たびたび参考にさせていただきました。
　また、モデリングに特化して勉強したい、ということであれば、

Benjamin「Blender 3DCG モデリング・マスター」ソーテック社、2016年
米谷芳彦(id.arts)「Shade 3D ＋ 3Dプリンター　実践活用ブック」マイナビ出版、2014年

などのように、使いたいツール用の書籍を参考にすることをおすすめします。丁寧に1ステップずつ
図入りで解説してあるものがわかりやすくてよいでしょう。
　画像処理、モデリング、シミュレーション、アニメーション、などといったそれぞれの技術について
詳しく知りたかったり、最先端の技術はどうなっているの？　ということに興味がある場合には、ボー
ンデジタルが発行している「Computer Graphics Gems JP」もおすすめです。日本で活躍するコン
ピュータグラフィックスのエンジニアたちによる共同執筆の書籍です。

　本書では「手芸」に着目して解説しましたが、とくにここ数年では「パーソナル・ファブリケーション」
という概念が急速に注目を浴びるようになりました。これは個人レベルで欲しいものをなんでも作
れる社会を実現することを意味しており、レーザーカッター、3Dプリンタなどの個人利用を前提と
した技術開発や施設が増えてきています。コンピュータがパーソナル化し、パーソナル・コンピューティ
ングが当たり前のものになったように、ファブリケーションがパーソナル化し、パーソナル・ファブリケー
ションが当たり前のものになる社会がやってきているわけです。大量生産された商品の中から欲し
いものを「選択」するのではなく、自分が欲しいものを自分で「製造」することが当たり前の世の中になっ
たとき、自分の欲しいものを設計・制作する支援ツール・技術は必要不可欠であると言えます。
　本書で紹介してきたこれらの研究・システムは、決してこれまでの専門家の仕事に取って代わろう、と
しているのではありません。たとえば、ぬいぐるみデザインシステムによって初心者がデザインできる
ようになっても、ぬいぐるみ設計士という職種がなくなるわけではありません。これまでデザインしよ
うとしても知識や経験がなくてできなかった人(子どもや初心者)に対して、コンピュータを利用するこ
とでできるようになる、その「創りだす体験」を経験できるようにするためのものであると考えています。

3Dプリンタも安価なものでは1〜2万円で購入でき、自宅に1台という時代はすでに始まっているといっても過言ではありません。これからの工作・手芸は与えられたキットを使うだけではなく、一部分だけでも自分でデザインしてみようかな、ちょっと組み合わせてアレンジしてみようかな、と思う人が増えることでしょう。また、デザインした作品をデータベースなどにアップすることで、友人とデザインをシェアしたり、共同作品をデザインしたりするようになるかもしれません。おばあちゃんが孫のために、孫がおばあちゃんのために、独自のデザインのなにかをプレゼントし合うなんてことも増えるかもしれません。自らの手で自分がデザインした"モノ"を作る体験は、老若男女問わず必要であり、モノづくり大国である日本にとってはこれからも大事にしていくべき文化とも思っています。そんななかでも、コンピュータグラフィックスを使った支援のメリットは、非言語依存でシステムを設計できることです。ビジュアル提示のツールであることを活かして、国を超えて創作する楽しさを体験できることを私は目指しています。

　さて、「はじめに」で書いたように、手芸好きな人がこの本をきっかけにCGに興味を持ったり、CGは好きだけど手芸の経験はないという人が手芸を始めてみたり……。そんなまったく異なる「手芸」と「CG」の分野をつないで、経験を広げるきっかけとしてお役にたてたら嬉しい。私はそう思っています。

　これまでは、専門家といえば、1つのことを深く知っていることが求められていました。しかし、これからの世の中は、こういった「手芸×コンピュータグラフィックス」のような、異分野コラボレーションがますます盛んになってくるでしょう。たとえば、情報科学の専門家は、情報科学の考えかたやアルゴリズムを他分野へ持ち込むことで、別の分野を発展させることにも寄与することができます。他分野同士がコラボレーションすることで生み出される新しい分野の創出も期待されています。

　とくに、これまで情報科学が関係ない、まったく離れている分野だと思われている分野にこそ、誰も考えたことのない、意外な道が拓ける可能性があるかもしれません。本書では「手芸」を取り上げましたが、人間が試行錯誤で行ってきたことがコンピュータグラフィックスをはじめとするコンピュータ科学の力で解明できたり、人間にはデザインできないような構造が見つかったりといったことが、手芸という分野のなかにいろいろとあることを知っていただけたのではないかと思います。

　私は、小さいころから好奇心旺盛な子どもでした。研究者という職業柄もあるかもしれませんが、今でも大事にしていることとして、「なにか新しいことができないかなという好奇心を持ち続けること」とともに、「自分の専門であること以外にも広く興味を持つこと」「これまでやったことのないことに挑戦して、自分の専門性を活かすことができないか検討すること」を心がけています。本書が「今だからこそできること」「自分だからこそできること」をみなさん一人一人が考えるきっかけにもなれば嬉しいです。

　最後に、本書を執筆するにあたってたくさんの方にお世話になりました。以下に、とくにお世話になった方のお名前を順不同で挙げて、感謝のしるしとさせていただきます。東京大学大学院工学系研究科 鈴木宏正先生、筑波大学システム情報系 三谷純先生、情報処理推進機関(IPA)未踏事業、情報技術振興機構さきがけの関係者のみなさま、明治大学総合数理学部先端メディアサイエンス学科のみなさま、五十嵐研究室の学生さんたち。とくに、中島萌子さん、杉山恭之さん。これまでの研究を支えてくれていた家族。そして最もご尽力いただきました、オーム社の原純子さん。どうもありがとうございました。

Blender基本操作早見表

Chapter 8内で頻出する操作、および一般的によく使用するコマンドをまとめています。

モードの切り替え

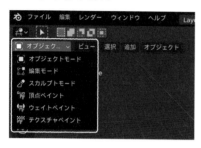 

左上のプルダウンメニュー、もしくは [Tab] キーで、編集モードと
オブジェクトモードを切り替えることができます。

サイドバーの機能とショートカット

ボックス選択 [Shift] + [Space], [B]	**ベベル** [Shift] + [Space], [Ctrl] + [B]
カーソル [Shift] + [Space], [Space]	**ループカット** [Shift] + [Space], [Ctrl] + [R]
移動 [Shift] + [Space], [G]	**ナイフ** [Shift] + [Space], [K]
回転 [Shift] + [Space], [R]	**ポリビルド** [Shift] + [Space], [Shift] + [9]
スケール（拡大縮小） [Shift] + [Space], [S]	**スピン** [Shift] + [Space], [Shift] + [0]
トランスフォーム [Shift] + [Space], [T]	**スムーズ** [Shift] + [Space], [Ctrl] + [2]
アノテート [Shift] + [Space], [D]	**辺をスライド** [Shift] + [Space], [Ctrl] + [4]
メジャー [Shift] + [Space], [M]	**収縮・膨張** [Shift] + [Space], [Alt] + [S]
立方体を追加 [Shift] + [Space], [9]	**せん断** [Shift] + [Space], [Shift] + [Ctrl] + [Alt] + [S]
押し出し（領域） [Shift] + [Space], [E]	**領域リップ** [Shift] + [Space], [V]
面を差し込む [Shift] + [Space], [I]	

[Shift] + [Space] で
このメニューが出る↓

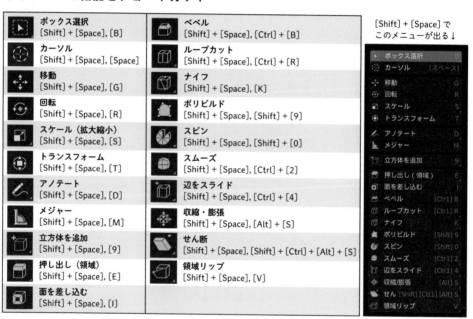

その他のショートカット

新規ファイル作成	[Ctrl] + [N]	すべて選択	[A]
既存のファイルを開く	[Ctrl] + [O]	選択解除	[A][A]（二回押す）
最近使用したファイルを開く	[Shift] + [Ctrl] + [S]	ボックス選択	[B]
上書き保存	[Ctrl] + [S]	サークル選択	[C]
名前を付けて保存	[Shift] + [Ctrl] + [Z]	投げ縄選択	[Ctrl] + 右ドラッグ
もとに戻す(Redo)	[Ctrl] + [Z]	つながっている頂点を選択	[L]
やり直し(Undo)	[Shift] + [Ctrl] + [Z]	選択の反転	[Ctrl] + [I]
編集モード・オブジェクトモード切り替え	[Tab]	オブジェクトの追加	[Shift] + [A]
3Dモデル表示切り替え	[Z]	削除	[Delete] or [X]
複製	[Shift] + [D]	新規辺／面の作成	[F]

索引

〈著者略歴〉

五十嵐悠紀（いがらし ゆき）

お茶の水女子大学卒業、東京大学大学院修士課程、博士課程修了、博士（工学）。日本学術振興会特別研究員PD・RPD（筑波大学）を経て2015年より明治大学総合数理学部専任講師、現在同准教授。専門はコンピュータグラフィックスおよびユーザインタフェースで、とくにコンピュータを用いた手芸設計支援の研究などを行う。情報処理推進機構（IPA）未踏ソフトウェア2005年度下期「ぬいぐるみモデラーの開発」で天才プログラマー／スーパークリエータ認定。第24回独創性を拓く先端技術大賞学生部門文部科学大臣賞など、受賞多数。著書に『AI世代のデジタル教育 6歳までにきたえておきたい能力55』（河出書房新社）、『スマホに振り回される子 スマホを使いこなす子』（ジアース教育新社）など。

本文イラスト：石川ともこ
本文デザイン：ikaruga.

縫うコンピュータグラフィックス
―ぬいぐるみから学ぶ3DCGとシミュレーション―

2021年5月25日　　第1版第1刷発行

著　　者　　五十嵐悠紀
発 行 者　　村上和夫
発 行 所　　株式会社 オーム社
　　　　　　郵便番号　101-8460
　　　　　　東京都千代田区神田錦町3-1
　　　　　　電話　03(3233)0641(代表)
　　　　　　URL　https://www.ohmsha.co.jp/

© 五十嵐悠紀 2021

組版　ikaruga.　　印刷・製本　壮光舎印刷
ISBN978-4-274-22717-2　Printed in Japan

本書の感想募集　https://www.ohmsha.co.jp/kansou/
本書をお読みになった感想を上記サイトまでお寄せください。
お寄せいただいた方には、抽選でプレゼントを差し上げます。